Spiritual Culture
青心文化

# 为爱铺路

## 那些打开你心门的故事

# MAKE WAY FOR LOVE: A STORY TO OPEN YOUR HEART

[美] 兰西·斯佩扎诺（Lency Spezzano,M.S.）/著
孙翼蓁　梁永安/译

中国青年出版社

# 新版序

这本书是我 20 多年前写的，那时两个小孩还在念幼儿园。事实上，这书成了我第三个小宝宝。它有了自己的生命、目的与使命。我相信，没有一颗心在面对它的时候还能维持分离的状态，因为它包含的柔情就像钥匙一样，可以打开最受伤、最独立或最解离的防卫之锁。当我第一次接触到它的读者时，我可以看到爱从他们的眼睛里流泻而出，感受到他们的内心因为与我心心相印而产生的浓浓暖意。

读者告诉我，这是他们最喜欢的书，重读过很多遍，因为它具有一种使人的精神向上提升的能力，哪怕是一个人身处最艰难的处境时仍是如此。有些读者告诉我，他们会把书中内容读给爱人听，或是作为睡前故事念给小孩听，因为它所包含的柔情蜜意可以让人沐浴在爱的关系中，熔铸出一体感。

这本书记述了知见心理学（Psychology of Vision）的诞生过程，自那之后，我的方法经历了巨大的发展。借助这方法，研习会的学员得以神奇地体验到一些奇迹（《奇迹课程》所界定的“奇迹”）。经由它的指引，世界各地都有学生能够透过自我断灭而臻于开悟。然而，不管是我现在使用的方法还是本书所描绘的方法，都包含着我多年发展出来的与方法结合的基本元素：透过学习被爱而学会如何去爱。

两个孩子是上天赐予我的恩典，也正是他们的美要求我去写这本书。透过这本书，他们的美可以继续改变世界。

# 引 言

28岁时候的我看似拥有了世上的一切：事业成功、受人肯定、前路宽广又魅力十足。换言之，我看似拥有一个“美好人生”。美中不足的是，我感受不到它的美好。事实上，任何事情都不能让我产生深刻感受。我的人生不是那么坏，但又谈不上真的好。任何快乐在我看来都转眼即逝和浮浅不实，又幻灭又挫折，我甚至羞于向自己承认，我缺乏爱人和感受被爱的能力。我知道自己错失了生命中最好的部分。

我的觉醒来自于一种求真的渴望：渴望成为一个真真实实的人，渴望认识自己是何许人。后来，一步接一步，人生的“学校”让我跟“爱”产生一种私人和神秘的接触。最终，我学会了当一个疗愈者，学会了如何让爱的恩典从我身上流向他人。

如今，40岁的我又再次有深刻感受，而爱也成了我生命中具体可触的本质和力量。它滋润我、疗愈我、强化我，会在事情出错的时候加以扭转。它会流向任何与我连结的人的内心，冲走苦痛与哀愁，并启动让人可以体会亲密感和狂喜的能力。

与“爱之源”连接可以带来喜乐，我们的心就是为此而设，而它也是人之所以生而为人的目的。我祈愿人人都可以拥有这种喜乐。

这不是一部教人“如何”去爱的书，因为人只有学会如何接受爱才能去爱。我没机会和大家坐在一起，分享我的经验，所以，我希望大家能够透过与这本书的关系，透过这本书的仿宋字部分（那是专门为你而写），接受能触动心扉的爱，让它转化你，展开一趟追求成长的旅程。

当大家读着那些打开我心扉的经验时，希望大家能细细感受在你们内心扰攘的一切——不管那是一种死寂感还是分裂感，只要它们生起，都竭尽所能去感受。它们全是促使你转化的一部分。

一旦爱与你同行，一旦它用无边和无条件的柔情在你与他人之间结出纽带，世界将会以你无法想象的方式展开在你眼前。你从未体验过的至乐和人我一体感将会向你招手。愿这本书可以作为你向“美”踏出的一步，可以充当你回“家”路上的良伴。

嗨，亲爱的朋友，你终于来了，真好。为了和你说话，我等了这么长的时间，而这是就我所知我唯一可以够得着你的方式。如今我终于够着你了……

你……

特别献给你，

献给你个人，

你。

现在你来了，我有好多话想要对你说，有好多东西想要与你分享。这些东西都是我花了多年时间辛苦学来的，我希望你可以透过我，轻松地发现它们。我多么希望你并没有在很久以前就将这些都忘了。但不管怎样，最重要的是你现在能回忆起这一切。

有一个秘密藏在观点的第一道薄纱后面。这秘密一般是肉眼看不见的，必须透过打开的心扉去感受。那样的话，生命的意义之谜就会被解开，让你知道，除了我们平常认识的生命之外，还有一个更大的生命，一直恳求着我们去体会它。与之相比，我们平常认识的生命犹如假象。

有人为了发现这个秘密而付出了极大的代价。凡是这样做的人从没后悔过。有人甚至以自己的生命作为代价。

以下就是这样一个灵魂的故事。我希望，透过他的简单信息，你可以获得他付出生命才赢得的奖赏……

# 鸣 谢

首先，我要极为自豪地感谢我先生恰克·斯佩扎诺博士，因为他的理论和方法（称为“知见心理学”）融入了我的工作中，并反映在本书的文章中。至今，要区分哪些观念是源自他而哪些是源自我已不可能。

我还要感谢我的好友及工作伙伴马克·沃德利。他对这书的愿景、构想和编辑都让我非常感激。他写的《两个小男孩》一文（收录本书）和他的不断支持与鼓励都是无价之宝。

我感谢克里斯托弗和洁美，他们的协助让我的人格得到了长足发展和迈向成熟；我感谢我的父母，因为以他们的模范婚姻作为榜样，我得以成就一段爱的关系。

我感谢这些年来参加研习会的学员和找我咨询的案主，他们增进了我的理解，也给了我许多领受的机会。

感谢《奇迹课程》这本书为我带来的奇迹和神志清明。

最后，我必须感谢“青年扶助中心”（现已更名为HUGS——夏威夷重症病童与家属中心）的全体孩子和家属，你们一直是我心中既可爱又勇敢的老师。

# 目录

献给恰克——我的真命天子、伙伴与救世主。

为爱铺路吧！你没有创造爱的能力，但你能将爱播撒出去。爱到了人间，就等于宽恕自己的弟兄，如此你才得以清除自己心灵的黑暗。当光明透过你的宽恕而降临他时，他不会忘恩负义地把自己的人间救主遗忘在仍未得救之境。他从你脸上看到了光明，这光明必会与他同行，穿越黑暗，迈向永恒的光明。

《奇迹课程》，正文第 626 页

# 阿 瑟

阿瑟在他人生的最后一天（1982 年一个艳丽的亚热带夏日）送给我了一份令我一生难求的礼物。这故事开始于三个月之前。

当时，阿瑟 19 岁，将阿瑟介绍给我的人是他的医生。医生告诉我，阿瑟有一种强大的防卫心理，拒绝相信自己患了癌症，即将死去。医生用低沉的声音问我，不知道我们中心是不是可以帮帮阿瑟的忙。

阿瑟是个土生土长的美国男孩，有着菲律宾血统，住在夏威夷欧胡岛离海岸一小时车程的小镇。他的医生很少碰到这么年轻的癌症患者，所以对他特别有感情，也希望他能够不要采取逃避态度。他希望阿瑟能够与这个世界达成和解，可以安详地离开人世。

阿瑟参加过我们中心帮助重症小孩的计划。虽然他帮了别人很多忙，却没有向任何人透露自己患了癌症的事情。因为采取逃避态度，他有时会拒绝接受医院的治疗。住院时，他也拒绝家人探望。虽然我与阿瑟相处了许多时间，但仍然无法敲开他内心的门。

有一天早上，医生打电话告诉我，阿瑟答应再次住院。他可能无法再多活一天。问我可不可以最后一次想办法帮帮他。开车前往医院的途中，我的心情非常惶恐，生怕自己能力不够，说些什么和做些什么都不会管用。

那一天，风和日丽，天气和暖。医院坐落在钻石头山的斜坡上，面对着威吉吉岛的海滩。阿瑟孤单地躺在一个没有窗户的小房间里，身上插着与输血仪器相连的针头和管子。肝衰竭使他皮肤变黄，黄疸让他的双眼透着死亡的阴影。

我坐在病床旁边，竭尽所能让他感受到我敞开的心扉。我凝视着他的脸，一分钟之后问他："你有什么感觉?"这是我们第一次双目相对。接着，我把他抱住，而在这一抱中，我感受到我们的心贴在了一起。一片纱幕被移走了，一种亲密感第一次在我们两人之间流动。

他开始用一种坦然的态度对我说话，不再被恐惧和逃避心理纠缠。他以清晰和镇定的声音，告诉我他从人生中学到了些什么。

"我以前常常会想，什么才是人生中重要的。起初，我认为长寿很重要，但后来把这想法放下了。接着我又认为，能够长大和娶妻生子很重要，后来我又把这想法也放下了。然后我又认为念大学、弄部车开和交个女朋友很重要，但也把这想法放下了。最后，我认为健康是人生最重要的。不过，到了今天，我连这个都得放下了。今天，我知道了什么是人生真正重要的。是爱，是你付出过多少爱和接受过多少爱。"

这番话简单和真切得让我愣住。他的下一个告白则让我为之心酸："这就是我现在为什么那么凄惨的原因。我觉得自己从未有过付出爱和接受爱的能力。”这番话是那么的斩钉截铁和凄苦难耐，让整个世界的运转都停顿下来。天地间一片死寂，仿佛就只剩下我和阿瑟两个人，而球又回到了我手中。

我请阿瑟回答这样几个问题：他是从什么时候开始觉得自己不值得被爱？当时他人在哪里？跟谁在一起？发生了什么事？对方说了些什么？

他很容易便回想起，这一切看来是发生在他小的时候。他是因为父亲拒绝爱他，所以得出这样一个结论：既然连父亲都不爱他，他一定是个不值得被人爱的人。

不过，凭借 19 岁的理解力，阿瑟这时恍然大悟，父亲并未拒绝爱他。那时，他的父亲刚刚失业，备受压力和自我质疑的煎熬，他害怕自己养不起食指浩繁的家人。他拿儿子出气只是这种恐惧心理的转移，并不是真正拒绝爱儿子的表现。他事实上是爱着阿瑟的。

阿瑟现在才明白，自己多年来对爱的抗拒都是毫无根据的。换言之，他多年来的悲苦都源于一个误解。

于是，我告诉了他《奇迹课程》里的一个教导：“‘爱等待的是欢迎，不是时间。’所有你拥有的爱仍然在你身边，只等着你让它进入。现在就让它进入吧。”

阿瑟喜欢这种见解。他的眼睛充满生机，向我表示他已准备好接受朋友多年来一直不吝为他付出的爱。他闭上眼睛，敞开心扉，静静躺了几分钟，回忆和品味朋友曾带给过他的爱和关怀。空气变得静谧甜美，洋溢着一种快乐的香气。

然后，他像是突然醒过来似的，向我表示他已准备好接受家人的爱。然后他再次陷入回忆当中，睫毛静静贴在脸上。时间变得缓慢和浓稠。起初我以为他睡着了，但过了一会儿，他突然抬起头，面带微笑地对我说："我已经准备好接受神的爱了。"

说完再次合上双眼。整个病房被天真烂漫和美所柔化，俨然变成了一间圣所，散发着大教堂的神圣氛围。一波喜乐掠过阿瑟的脸。我在几分钟后静静离开，留他一人继续与造物主交流。

第二天早上，医生打电话到我办公室。"你昨天对阿瑟说了些什么?"他激动地问。当我在思考怎么说明时，他告诉我，昨天半夜，护理站打来紧急电话，说阿瑟病危。他火速赶往医院，但阿瑟已经过世了。

他决定去放着阿瑟遗体的房间，最后说一声再见。当他走到床头，看到阿瑟的脸时，他简直不敢相信自己的眼睛。他从未看过那么美的笑容。阿瑟脸上那种喜乐和充满生机勃勃的表情透露出他死时经历了生命的转化。医生把这个男孩抱在怀里，流下了不舍、快乐和希望的泪水。

这位医生是治疗癌症的专家，而他会选择这个领域，是为了克服自己对死亡的恐惧。阿瑟能够带着喜乐离开人世，是他能够送给医生的最大礼物。而阿瑟送给我的礼物就是让我明白，一个人无论年纪多大，想要拥有一个快乐的童年永远不嫌晚。

# 长崎女士

现在就往你心里感觉去吧，亲爱的朋友。你可以找到它吗？如果可以，你找到的是什么？我感觉得到，你像许多人一样渴望爱。另外，你一直以来也低估了自己的价值，不知道你有多重要，不知道你被爱得有多深。

你纯粹是因为你是谁而被爱，不是因为你能做些什么，能变得多了不起。你渴望着这种单纯的爱，渴望可以感受到它的存在。但爱对你的渴望是同样的殷切，同样的至深——乃至更深。

我说的“爱”只有一个目标，一种渴望。这渴望强烈得超乎我们的想象，它期盼着把我们带入一种深邃的觉知，由此认识到我们与它原本是一体的。

以下这位女士对爱的希冀像你一样强烈……

在研习会的教室里，长崎女士的脸素朴而坚毅，但又流露出一种深深的欲求，因而显得很美。夺去她父母的不是原子弹，而是别的悲剧。13 岁的时候，她变成了孤儿，必须胼手胝足，自食其力。

聪慧而勤奋的她努力念完了一个护理学位，过着独立的生活。然而，许多年后，孤单的生活让她备感空虚。她爱上一个男人，却不能坦然接受这份感情。她想要与别人分享人生，想要被爱，想要拥有一份关系。通过翻译，她请教我应该怎么办。

我问她，你会拒绝接受这份关系，是不是因为认定自己只能是个孤儿、被遗弃者和孤独者？是不是从未能走出失去双亲的痛苦，从未能摆脱恐惧与苦恼？横在你与幸福之间的是不是年深日久的痛苦？

她说是。

我再问她，是不是愿意走出被遗弃的悲情，结束对孤单的强迫性执着？

她说愿意。

这位女士随之走到教室前面，坐到我旁边。常年的煎熬让她的眼睛黯淡无光……看起来，她的悲苦极遥远，被埋藏、被切断和不再被记忆。她望着我，表情茫然但充满改变的意愿。

透过全神贯注地关注她，我把她变成我的全部，变成我的一切。她不只是最重要的，不只比我自己还重要，还变成了这世界的全部。这时，我可以感受到我就是对方。我们是同一个人，而我自己被遗忘了，愿意不计代价地停留于此时此刻，愿意变成她，直到永远。

透过这种交融，我游进她心里，要找出一些可供她抓住、攀附、认识和经验的感觉。我花了两分钟搜索她的心，期间保持四目交对。其他参加研习会的日本学员看着这一幕，凭着既有经验知道将会发生什么。

最后，我终于在自己胸中感受到她内心中那些粗糙的、浓稠的被压抑经验。一些情绪仍然掩埋在她的无意识深处——掩埋得那么的深以至于无法被界定。这只是个开始，只是些零头，只是些第一个可被手指钩住之处。接着，我开始可以在自己的心里感受到她的心。

然后，啊，我感受到了叫人辛酸的伤痛……还有失落感。长崎女士顿时向前倾倒，双手掩面，开始痛哭。在我心里，我推进到她痛苦的最浓密之处，然后把这痛苦摊开在光之下。

一股极炽烈的电流穿过我们两人，接着而来的是启迪的甜美，狂野的欢快。我们活了过来！生命要求任何不对的事被纠正，要求任何伤口恢复完整。她自己哭了一阵，然后倒在我的怀里继续哭。

我瞥见了其他学员的动静：他们或是激动得挥舞手足，或是晃动着身体，其他人则深深进入了自己的疗愈之中。工作人员赶忙上前搀扶住那些在情绪中跌宕得最快的学员。随着长久、甚至古老的孤单之苦被释放出来，几乎教室里的每个人都是泪流满面。其中两个男生以最洪亮的声音吼叫着。那是音乐，是美，是诞生。

情绪像喷射气流那样从我心里涌过。多么欢快啊！不多一会儿，情绪的平衡出现了明显的转变。我感受到了爱。大大的爱！它又大又无止境，使人喜乐又使人满足，又鲜活又感人！我在它面前自感渺小，却不带有自我意识；我感激它，却不觉得我与它是分开的两体。

这转变也发生在那位女士身上，发生在团体心灵里。我看着她的眼睛，她仍在哭，现在的泪水却是来自与爱的相遇。它美得几乎让人难以承受，爱诱发出了所有的需要、所有的缺憾。所有学员都因这冲击而摇晃身体，因为饥渴而哭泣。

然后，当我望向那位女士时，我动容地看到，有一种慈悲自她向外延伸。透过她那张异国风情的脸，我看到了地球上数以百万计的孩子——他们的人生也是有着同样的需要，他们的心也是未受过触碰，他们也是渴盼着被认识。我们所有人全是一体的，是彼此连接着的，甚至是单一的存在！

我的意识被提升起来，体会到天使或朋友（不管他们是谁）其实总是就在我们觉知的上方一点点，总是向我们投以关切、灵视和帮助。知道他们是那么在乎我们，这是多么让人惊异啊！我们进行了甜蜜的交流。然后，另一个转换发生了。

我里面的一层薄膜裂开了。我不再是我自己，或不再只是我自己。我的意识被提升到了一个更高的经验层次，明白了我身为一个人类，我与母神／父神原是一体的。不管是长崎女士还是世界上的所有小孩，不过就是我们自己。他们珍贵得难以形容，而我们爱着他们。透过他们，我够着了我们自己。我感到我们被他们所接纳，充实……喜乐……狂喜……于一体。

教室里响起的阵阵笑声让我回过神来。我放眼望去，只见许多学员都面带微笑，洋溢着喜乐和感激的神情，互相拥抱而喜不自胜。再次转脸看向那位女士时，我看到她的眼神充满惊喜。

“谢谢你，谢谢你！我感受得到快乐了。”她用英语说。

我可以从内心感受到她内在的转变。她受到了疗愈，变得完整、敞开、活跃和快乐。她的人生从此再不一样。

感激之情从上面流泻到我们身上。我们已被认识，而天使们正在跳舞。

# 坠落凡尘

让我领你回到一开始，回到伊甸园，回到未被放逐、未失去恩宠以前。看看下面的故事会不会在你的灵魂里搅起一段半遗忘的记忆。它会让你忆起平安、喜乐、轻松与安宁，让你知道自己的价值，让你回到一段充满美、恩典与爱的岁月。

亲爱的朋友，伊甸园是真实的，一直在等着你回去。它是一种心灵状态，诉说着你的天真无邪和安全。它是人间天堂的实相，呼唤着你，呼唤着你的名字……

四五岁时，我便第一次经验到光的熄灭。那之前，我一直过着人人称羡的快乐童年。我生长在亚历桑纳州的一个农村地区，过的是一种温和闲静的生活。我有关那时的记忆全是金黄色的，就像是住在亚当尚未被逐出天国的伊甸园。

我带着甜美和快乐度过每一天，犹如置身在一束柔和而可爱的光的中心。我的身体被纯粹的喜乐充满，举手投足间表现出发自本能的流畅。

对我来说，生活的最大美事莫过于体验到自己有多美好。那是一种单纯的快乐，却足以带给我无穷乐趣。我觉得自己又美，又棒，又可爱！我爱生命，也爱我自己。我是个小天使，住在天堂般的伊甸园里，以极大的热情绽放着光芒。

我父母养育小孩的方式是放牛吃草（我妈妈称之为“善意的放任”）。换言之，我每天爱怎样过就怎样过，可以纵情在花园和田野里玩耍。

我会一连几个小时跟动物玩耍。我不愁没有动物陪我玩，因为哥哥总是给我抓来一堆的蛇、蜥蜴、角蟾、蜜蜂、蝎子、鸽子、白鸽和长耳兔。

家中除了养狗和养宠物鸡外，还把许多猫养在屋外。我彻底熟悉和爱着它们每一只，甚至懂得说它们的语言。例如，我可以惟妙惟肖地模仿一只母猫的喵喵叫声，把它的小猫给叫过来。这一招让我很容易便把一些野猫叫回家里豢养。我相信自己和猫之间真的有办法沟通。

我最宝贝的猫是一只高傲的橘色大公猫，名字叫“桃子”。每天，我都会拿娃娃装给它打扮好，一起玩过家家。我会给它戴上烟囱帽，穿上洋装和内裤（我在内裤后面剪了个洞让它的尾巴穿过），然后把它放在一张高脚娃娃椅上，假装喂它吃东西；要不就是把它放入婴儿车，在它下巴下面套一张小围兜，推着它四处转悠。

现在回想起来，我才明白它当时流露的冷峻眼神是难为情的表现。毫无疑问，它是害怕其他的猫会看到它这么一副蠢相，因为其他任何时候，它总是保持着矜持。不过，它总是任由天真无知的我摆弄，从不抗拒或抱怨，但绝不容忍任何大人对它如此。

我们居住的那个地区又热灰尘又多，我妈妈的花园俨然是沙漠里的绿洲，里面有绿叶成荫的大树、一畦畦的鲜花和浆果，还有大片芳香的青草。我有许多时间都是待在花园里，欣赏各种鲜花的形状、香气和颜色。我会用手指捏金鱼草的“脸”，让他们说话和唱歌……我会摘三色堇和香豌豆，把它们当成迷人的洋娃娃。我的生活与其说是美好，不如说是完美。

有一天，当我站在自家前面的草坪中央时，一股深深的喜乐突然像浪一样向我袭来。我感到自己快要因为狂喜而爆炸。我有一种要把这体验分享给妈妈的冲动，便把她带到起居室的沙发坐上。我告诉她人生有多么美好，我又有多么享受人生。

在一片兴奋的情绪中，我打了个比方：我的人生好像天天都是星期一。我告诉妈妈，星期一是我最喜欢的一天，因为有一整个星期可以任我玩，要直到星期天才不得不去教堂(在教堂的硬长凳上静静坐一个小时对我有如折磨)。我竭力向妈妈描述星期一后面的一整个星期是何等的开放和刺激，是何等的充满期许和诱人的滋味。

但接下来，一切都不对了。妈妈的表情变得凝重和严肃。“不是这样的，”她说，“人生没你想的那么容易。一个人只有死后上了天堂才会得到真正的快乐。”

她真是这样说的吗？我知道，如果我今日问她，她一定会否认。她是个善良的人。我猜想，她那样说只是为了保护我，让我不用像哥哥那样，在进入灵性贫乏的教会学校之后才明白“真实”的世界是怎么回事，并产生痛苦幻灭的情绪。与其如此，倒不如由她自己来告诉我这个坏消息。

可悲的是，我不只没有把妈妈带进我喜乐的经验里，反而做了其他决定。这决定让我被逐出天国，失去了神的恩宠。

接下来，我仿佛坠入了一条乌云密布的黑暗隧道中，当时的视觉和身体感受至今历历在目。我感到自己不停旋转着往下坠落，离光明愈来愈远，心里因为失望和失落而充满极大的痛苦。这时，我听到一个很理智的声音在我头脑里响起：“这是我有生以来所做过的最蠢最蠢的事。”

之后发生的事我完全不记得了，情形就像是我失去了知觉，我甚至不记得自己曾经醒来过。

自此，我的人生变得非常不同。我开始相信，我是这地球上最丑的一个小孩。我得到了恐惧症、强迫症和颜面抽搐症。我会梦游、尿床，抱怨胃痛。最糟的是，我总是感到自己哪里有缺憾。这缺憾属于我本性的一部分，也是别人看不见的。

我感到自己是个空壳子，腼腆得近乎失能。跟其他小孩在一起的时候，我从不能真正放松或自然而然。我甚至不觉得自己是住在身体里面，反而感到我是站在自己一米开外，看着自己与别的小孩互动。我从未能体验真正的接触，从不能把心思放在自己之外，而且自此也不再有被纯粹喜乐笼罩的经验。

我后来的人生中有过好几次类似的“光亮熄灭”时刻。青春期对我来说特别难熬。才一年光景，我便先后经历了痛彻心扉的心碎、约会强暴、堕胎、谴责和放逐。每遭受一次这样的创伤，我都会确实看到光的熄灭，就像房间里的油灯刚刚燃尽。生命于我变得幽暗。

我相信自己犯了《十诫》中的每一诫，犯了一个小镇小孩会犯的每一种愚蠢错误。我相信自己气数已尽，永远不可能找到回伊甸园的路。

# 幸福之旅

身为人，你最不可剥夺的基本权利就是“认识自己”。为这个目标献身吧，亲爱的朋友。所谓的开悟或自我了悟，不外就是认识你自己是谁，认识你的真我，不对自己隐藏秘密。但你已忘了你的天真烂漫，忘了自己的美。

绝不可容许生活的强力洪流把你打败，让你放弃自己。不要失去你的胆识，失去冒险犯难和勇于生活的意愿……

我在 18 岁那一年离开家，到亚历桑纳大学念书。当时的我，早已不是早年那个天真烂漫和快乐无忧的小孩。到达土桑的时候，我是一个心灵破碎和伤痕累累的年轻女子。

为了得到他人的接纳并让自己“混得过去”，我对自己的许多特质进行了自我审查，否认掉很多经验与感情，以至于现在看来，我隐藏在台面下的部分比浮出台面的部分还要多。

经过一番过滤所剩下的我，是一个客气、礼貌和乐于助人的好学生。但慢慢的，对于这样的我，我感到了无比的厌恶和乏味。虽然交了一个男朋友和一些朋友，我仍然感到孤单。我拥有许多上天的恩赐，却失去了感受快乐的能力。我为了讨好他人而牺牲了太多的自己。我变得矫揉造作，像戴着一副面具面对世界，而且甚至没意识到自己的虚假。我因为对自己隐藏得太深，以至于对自己所知甚少。

上大学几年之后，我终于明白，自己会选择主修心理学，是因为我本身需要帮助。在上过许多堂精神分析课之后，我暗自饮泣的事实便再也瞒不过自己。于是，在大四那一年，我去了学校的心理咨询中心求助，想要把纠缠不清的旧创伤清理干净，好让我可以重新发现自己是谁。

我有太多伤痛想要从它们被禁锢的状态中爆发出来，以致我一走进心理医生的候诊室，便会哭个不停。连续三个月，我每个星期五下午都会找他一次，每次都会释放出巨量情绪：愤怒、怨恨、忧愁、心伤、难为情、失望和孤单。每次咨询过后，我都精疲力竭，所以都是直接回家，倒头就睡。我整个周末都待在家里，直到星期一才因为不得以，勉强打起精神上课去。

医生让我接受了一些完形心理学疗法、一些解梦工作和一些拉拉杂杂的其他疗法，但他最主要的努力是用温和的方法逼我承认，我对自己隐藏着一些不肯面对的情绪。他不在乎我的内在防卫机制会把他视为敌人，加以对抗。我把自己对权威的憎恨情绪转移到他身上……把他看成我父母，看成高华德①，看成是没心没肝的家伙。没想到，他最后却帮了我大忙！

在许多次的咨询中，我记得最清楚的是最后一次。事后回顾，我才知道我的治疗医师对我的信赖和爱护有多大，不由得心生极大的敬畏。因为他若不是对我有着极大的信赖和爱护，那天绝不敢冒这么大的风险。

进入咨询室之后，我坐下来，神态自若地等着接受治疗。然后我望向那位医师，等他说话。他回望我，脸上流露出一种心意已决的表情。然后，他伸出手，冷不防地（又可说是充满挑衅性地）一把把我推向椅背！

我惊呼了一声，但他却又推了我一把。没多久，他就在房间里追着我跑，一个劲地推我。我试着跟他谈，跟他理论，想要质问他，但他只是回我一个浅笑，没有住手。他明明就是要逼我还手，最后，我终于忍无可忍，如他所愿加以还击。

我扑过去，然后我们像生死搏斗似的扭打了一个小时。我外表看似柔弱，实则天生一股蛮力和战斗力，只是自己一向不肯承认。治疗师的蛮不讲理激起了我的攻击性，让我的怒气像浪潮一样释放出来。

看见自己有多大力气，我的自欺顿时化为乌有，无法再假装自己有多软弱、多无力和多无助。那男医师体重比我重20到30公斤，但因为我把天生的力气全部倾泻出来，所以跟他斗得旗鼓相当。

扭打过程的大部分情节现已模糊不清，但我却清楚记得，在最后，我用双膝把他的肩膀顶在地上，双手把他的两个手腕扣在头顶上，让它们无用武之地。他已使出了吃奶之力和浑身解数，但还是输给了我。

我们因为需要喘气而休战了一会儿，期间大眼瞪小眼。

然后一件怪事发生了，我的治疗师开始大笑。他一面在地上打滚一面发出银铃般的笑声，每下笑声都是发自肺腑，充满着纯粹的喜乐。我唯一能做的只是瞠目结舌，只能看着他笑。他站起来，拍拍身上的灰尘，然后宣布，我们已经一起完成了治疗，说完便一把把我推出门外。他想必知道，他已经把我扔进了一个全新的世界。

我感受到一种刚刚诞生人世的鲜明悸动。心理学系外头的草坪和走道变得好明亮、好鲜明、好清晰。我一脚跌入一个新的境界：在这境界里，我可以经验自己的各种感情而毫不愧疚，可以品尝我本性中的生命力而用不着消灭它或隐藏它。

我得到了如梦初醒的了悟：过去的我对自己了解得何其少，对自己的真实感受是多么的无知，而我又是多么希望可以活得真实。从那一刻起，我知道了自己该走的道路。

---

① 高华德，极右派的美国参议员。

# 人类精神之美

有些挑战是那么的艰巨，看似克服是那么的无望，以至于许多人在面对它们的时候会失去对人生的信心。然而，挑战是会带来巨大力量的。你遇到的所有挑战都会带来巨大力量，亲爱的朋友。它们都是一些没有精美包装的礼物，可以让人力量增强，等着你去赢取或错失。

念大学时，我第一个职业志向是当心理学家。让我失望的是，大学的心理学课程有着非常“行为学派”的趋向，换言之是花很多时间研究走迷宫的老鼠。

有一天，我发现校方为学生提供免费的就业性向测验。于是，我接受了一连串的测试，想找出最适合我从事的行业。测试结果清楚表明，我应该成为一个复健咨询师。我不完全清楚复健咨询师干些什么，却知道那意味着我接下来的六年用不着再跟老鼠为伍。所以我就改变了主修的科系，开始上一些最终会让我取得复健咨询学士和硕士学位的课程。

开始上“复健”课之后，我第一个发现是修同一课程的学生中有不少残障人士。各位也许会觉得怪，但我就是为此备感苦恼。我先前就注意到，校园的各个角落不时就会看见坐轮椅或戴矫形器的学生。我知道，他们的身世充满让人不忍卒读的故事，而他们的痛苦也是巨大得让人无法设身想象。我以前认识的残障人士不多，所以，现在要跟许多残障同学共处让我感到不自在。

我局促而笨拙，担心他们会因为我四肢健全而忌恨我。我讨厌设身处地去感受他们的感觉。与他们毗邻而坐时，各种不愉快的感觉就会涌上心头。

然而，跟他们熟悉之后，我却很难无视这些残障学生有多么吸引人。当然，我所谓的吸引人并不是指身体意义上的，因为他们的身体多半奇形怪状，甚至是吓人的。例如，有一个年轻人的脸扭曲变形得厉害，让人看了心里发毛；他们许多人需要坐轮椅；有些听不见，有些看不见。不过，他们全都有着一个璀璨的内在，全都显得快快乐乐的。你会觉得他们的内在绽放着光芒，并且不知怎么就觉得他们比正常人要“成色”更纯。他们更精炼、打磨得更光亮，也更“酷”，简言之他们许多方面都比正常人更美。

没多久，我就发现（并为此感到自豪）他们把我当成朋友看待。我非常享受与他们在一起的时光。事实上，他们其中一位（他自少年起便得坐轮椅）更成了我大学时代最要好的朋友。我慢慢明白，这些人散发的美之所以能从他们的心和灵中流出，是因为他们成功地克服了人生的一个挑战。他们全都是胜利的获益者。

我有一位同学天生脑性麻痹，必须切断膝部肌肉以免双腿卷曲。每天，他都会用一双他几乎控制不了的手为自己装上矫形器，而他的腿也因为装了矫形器而变得异常沉重。不管晴天雨天，他都背着书包，拄着拐杖，拖拽着身体前往校园不同地方的教室上课。哪怕是翻一页书这么简单的事，他都需要极度聚精会神且花极大力气才办得到。如果是洗澡、刮胡子或梳头的话，更是要花上他几个小时的努力和勇气。但我从未听见他埋怨过行动不便或以此哗众取宠。他是个奇妙的人，风趣得要命又英雄气概十足。

我不相信他或其他类似的人是从一开始就这么了不起。不过，我倒是相信，他们就像所有人一样，生而拥有变得不平凡的潜能。他们的人生因为碰到挑战，便也因此得着契机，让他们可以发现自己的不平凡和美。许多人在碰到类似考验时都会因为怨天尤人而被打败，但这些灵魂却能浴火重生，进化为更有深度、更睿智和更有韧性的人类。

我对他们赠予我的友谊视若珍宝。这让我开始产生一种渴望，想要认识更多能把人类最极致和最美一面发挥出来的人。在成功应对人生挑战的同时，这些人也证明了人心可以多么荣美，人能鼓起的勇气可以多么巨大，这世上有多少人信仰爱和慈悲，以及人可以成熟到何种程度。

# 狂 妄

放弃你独善其身的权利吧，亲爱的朋友。别人的生命也许正危在旦夕……他们有赖你去帮他们把心找到，帮他们打开一条路，把他们的生命带回来。

对你而言，独善其身的代价极为沉重，而对世界来说，这代价更是不能承受之重。

倾听你内心的箴言，然后放手一搏，去送出唯有你能送出的礼物……

在大三和大四之间的暑假，我前往墨西哥的瓜达拉哈拉，投入一个完全浸润式的语言学习计划。我的目的是迅速而地道地学会西班牙语。我想要精确掌握墨西哥的西班牙人腔调和俚语。

我寄宿在一个不会说英语的家庭里，和一群墨西哥青少年来往，报了一些西班牙语和墨西哥文化的课程。为了让机会得到最大利用，我还挤出时间，参加了一个教育课程。

结果我只是上了这课程的第一堂课便再也没去，但那一次却让我终生难忘。讲师想要先让我们了解小组合作的价值，再把这概念应用在语言的教育上。

他一开始先给我们出了一个作业。他要我们想象自己是计划登陆月球的航天员，因为火箭坠毁而被困在月亮上。然后他列举出30种各不相干而用途各异的物品，包括一条汽车内胎、一块磁铁、一个啤酒瓶和一张毯子等。

他要我们依照这些物品的价值排出高低等级。凡是对被困在月亮上的人愈有用的物品，等级便愈高，反之则等级愈低。我们要假装自己的生死存亡取决于评估的正确与否。他给了我们20分钟独自琢磨，待时间结束后又把全体学生分为几组（六人一组）。

我们需要对同小组的成员解释自己的评等理由，再经过彼此讨论达成共识，决定如果我们集体被困在月亮上，哪些物品对我们的生存最重要。

讨论时间结束后，导师揭晓正确答案（答案是由一群科学家决定的），然后要我们分别算出个人和小组的成绩。

最后，各小组分别报上自己的成绩。我们这一组的成绩相当高。讲师这时才向我们解释，这习作的用意是在显示，班上没有任何个人的得分会高于其小组的得分。换言之，在任何情况下，六个臭皮匠都会胜过一个诸葛亮。

不过，当我看了我的个人成绩和小组成绩后，却发现自己的情况刚好跟他说的相反。我几乎得了满分，比我小组的得分高得多，甚至比班上得分最高的小组还要高。我把这个情况告诉了讲师，没想到他听了之后大发雷霆，开始对我咆哮。

他说，既然我拥有优越的知识和思考能力，怎么会为了保持礼貌而不据理力争！要晓得，那可是攸关别人生死的！我怎么胆敢那样的狂妄！我怎么胆敢那么以自我为中心和愚蠢！我怎么会那么白痴！带着想要向我吐口水的眼神，他把我撵出了教室，叫我永远不要再来。他不想有我这样一个学生。

这是令人尴尬甚至让我觉得受辱的经验，但我却感激莫名。他的教训正是我需要和可以受益的。那一天让我学到的比整个暑假各种课程加起来的还要多。

我不再为自己曾经参与小组讨论而歉疚。自此，我发誓一定要竭尽所能地付出，以任何可能的方式帮助别人。凡是只有我能送出的礼物若是不由我送出，将永不会被送出。

# 作 弊

奇迹没有难易之分，一个奇迹并不会比另一个奇迹“更难”或“更大”。它们完全是一回事，全都表达了爱的极致。

《奇迹课程》，正文第三页

还在念研究所的时候，我便开始了人生的第一份职业，在一家社会福利机构担任咨询主任，为失聪者和有听力障碍的人提供服务。那是个了不起的社会福利计划，而我也对工作的内容深感兴趣。

我从大学时代便开始学习手语，因为我认为这种技能可以增加我的求职竞争力。现在，透过出任失聪者的义工，我便有了更多学习他们语言和文化的机会。我变得对他们的困境深有体会：虽然失聪者一般都智商中等，但他们大部分人的实际能力都远远低于自己天生的智力。

这主要是因为，英语是一种你若不能听见便很难把读和写学好的语言。无法听见英语而想学会说英语更是难上加难。结果便是，这种沟通上的障碍让大部分失聪者变成了功能性的文盲，陷入了一种被社会孤立的状态。

因为大部分失聪者的父母都是听力正常而又没有学过手语（“专家”反对他们学习），这让失聪人士多了一道障碍：无法与他们最亲近的人进行沟通和发生有效联系。所以，总体而言，失聪者是一个潜力发挥程度极低的族群。

大学里的训练都是教我们如何透过提供教育、职业训练和就业安排来帮助失聪者，让他们可以在主流文化里生活得较独立。但大学对于如何解决失聪者的情绪困扰却只字未提。既有的咨询技巧都是着重解决失聪者的现实问题，以及如何与其他社会福利机构的协调合作上。

凡是手语不流利或不了解聋人文化的咨询师能为失聪者提供的帮助少之又少。尤有甚者，他们有时还会因为误诊和采取错误的疗法而带来伤害（会造成误诊的原因之一是聋人文化和“有声”文化对何谓正常行为、信念和脸部表情有不同定义）。对于要如何帮助失聪者排遣内心世界的痛苦，并没有任何现成的指导原则可以依循。

我负责辅导的对象除了耳聋以外，往往又会加上肢体残障和精神方面的问题。他们有些人的处境困难得让人匪夷所思。例如，我有一个男性黑人案主又聋又盲，有精神病，又是同性恋，笨拙肥胖、患了糖尿病且有自杀倾向。虽然我教会他使用白色拐杖（白色拐杖可以提醒流氓他是个没有自卫能力的盲人），但之后仍然常常遭抢劫。这些人都有着最悲惨的身世和最严重的缺陷。

传统的复健服务对这类人毫无帮助可言。他们的整个处境逼得我快发疯了，让我不惜超越我所学过的一切，不惜把自己的能力发挥到极限之外。我发展出一种意愿，凭着它，我找到了我身上那个可以让奇迹发生的部分。没多久，一些很有趣的事便发生在我那关起门来的办公室里面。

为了帮助这些案主检视他们的思考过程，我发展出一些透过视觉语言进行的治疗方法。这些技巧都是我随时愿意教给别人的。但有一件事我却始终对同事和学生隐瞒着，而那件事情也是当时我无法解释的：案主的情绪问题都是很快就得到了疗愈。他们是被一种奇迹似的心灵状态所疗愈：是我的意念让他们发生改变。

我的心发展出一种能够摆脱身体障碍并进入个案的内心，让两颗心连接起来。当我们连结之后，我可以用意念让他变得健康、强壮和快乐。

看见我的方法产生那么神奇的效果，我不禁害怕起来，觉得自己就像是在作弊，又担心我对别人施加那么大的影响有可能是不对的。但个案所表现出来的快乐、成功和情绪自由却是明明白白的，不容我视而不见。于是，我决定继续下去，愿意为一切后果负起责任。我在心里接受为自己的行为负责，决定继续下去。

事情一直顺顺当当，直到另一位咨询师把他一个辅导对象介绍给我才有所改变。对方是个身材高大、相貌俊美的西班牙裔青年。他戴着细框眼镜，留着长发，光看外表的话与任何大学生无异。

但他却有着情绪上的障碍。在失聪学校念书的时候，他曾经受到学校护士的虐待（每当他在班上“调皮”，护士就会把他关进密室，有时会一关几个小时），这使他的情感发展变得迟缓，面对女性时会木讷、压抑且非常腼腆。他从未交过女朋友。幸亏他智商很高，又能掌握英语的书写技巧，使他在“有声”世界能够颇正常地生活，课业上也有出色的表现。

他原来的咨询师会把他介绍给我，是因为咨询师和他的医生都没勇气告诉他，他患了色素性视网膜炎，慢慢会失去视力。在一两年内，他就会既听不见也看不见。他将无法从事他主修科系方面的工作。换言之，他多年的努力将会付诸流水，而他也无法从事他一直想要从事的工作。

想想看一个失聪又失明的人生有多么可怕！那样的话，你就得一切都依赖别人。失聪者一般都非常害怕失明，那是他们最大的梦魇。我相信，只有通过一个跟他足够亲近的人来告诉他这个坏消息，才可以把冲击减到最低。

我觉得如果我在告知他诊断结果时，能够有办法跟他拉近距离，建立起足够的默契和亲密感的话，或许我多少能帮得上忙。我已不记得自己是在哪一次咨询时说了些什么，但一个奇迹发生了。走出我的办公室时，他斗志昂扬，显得对迎接失明这个新挑战充满信心，脸上挂着一个大大的笑容。

一个人听到这样的坏消息后竟然可以如此高兴让我看傻了眼。我担心他的高兴不会持久，担心他独自一人时会从快乐跌进更深的忧郁中。

我的担心是多余的。在两星期后的下一轮咨询过程中，他仍然喜气洋洋，甚至兴高采烈，洋溢在一片乐观情绪中。更令我更惊讶的是，他带了一个可爱、丰满又同是失聪者的女同学来给我认识。原来，这个本来从未吻过女孩子的小伙子已经开始谈恋爱了。两个人正在同居，计划着新的生活。

他在大学里改变了主修科系，对自己新选择的生活方向雀跃不已。用当时的流行语来形容，他是对自己的未来彻底“爽”了起来。

这太不可思议了，我害怕到骨子里。我是谁，有什么权力对别人的生活施加这么大的影响力！我的力量太吓人了。

不到两星期后，我便辞掉咨询师的职位，到几千公里外的夏威夷去从事行政管理的工作。要过多久，我才能够重拾勇气和价值感，去接纳和继续发展心的力量。

恐惧具有强大的力量，可以让你陷入否认，阻止你运用自己的能力去帮助别人得到疗愈。接纳奇迹是你必须面对的挑战，唯有接纳奇迹，别人才有望恢复完整，而你自己也才有望恢复完整。

# 揭 穿

你也许会觉得，与别人相比之下，你没有多少好埋怨的。但你有所不知，亲爱的朋友，你的心有很大部分已经失落。你内心深处渴盼着恢复爱与喜乐的天然状态。

一笔巨大的财富埋藏在你的心与灵里，被悲伤或痛苦的记忆所掩埋住。那是属于你的宝藏，只等着你去取回和提炼。

那些多年前被你摒除在外的生命部分，如今正挟持你作为人质，而它只有一个要求：承认它存在。

一旦承认了这些感觉存在，你就会从年深日久的情绪中获得释放。在这个过程中，你将会得到那笔财富：智慧与成熟。它来自被充分活过的生命。

生命的对立是一个可让你从痛苦中摆脱出来的过程，那痛苦又让你停滞在过去之中——因为你现在的痛苦只是旧日痛苦的轮回。去感受生命在你内在撼动的一切吧，唯有这样，你才有望获得自由，变成你自己……

25 岁搬到檀香山定居之后，我发现自己是小池塘里的一尾大鱼。我的工作让我可以获得许多宝贵经验，而它们通常不是我这种年纪的人有机会获得的。我的工作包括了申请补助经费，建立社会福利机构和制定训练计划，跟市长、总督和议会共事，没多久我就在州政府获得一个高级职位。简言之，凡是一个事业心强的年轻女性所望获得的一切我都已获得。

自担任行政管理工作之后，我不再为失聪者提供咨询。我成了失聪者群体和“体系”之间的联络官。我对这份工作轻松胜任，也非常享受与失聪群体的良好关系和我在社群中的地位。

我不时会从全美各地请来一些著名的失聪专家，协助我们制定和达成目标。有一位专家来自华盛顿，他本身也是失聪者，为人聪明好斗，受邀前来评估我们的状况。我原以为他看到我们的表现会很高兴并印象深刻，没想到他在参观结束时却告诉我：“夏威夷的失聪者都把你看成救世主。但愿你不以此自居。”

他这番话很让我受伤，因为我明明白白是个“大好人”。所以，至少过了 24 小时之后，我才鼓起勇气去思索他的话。

当我真诚地往自己里面去瞧的时候，看到的东西只让我觉得反胃。我发现自己是多么需要掌声，多么需要被需要，多么需要当英雄，多么需要觉得自己重要。我等于是在剥削失聪者，用他们来满足我为自己营造的“大好人”假象。我是做了不少“好事”，但出发点（至少是部分出发点）是为了让自己闪亮。

这逼着我再一次面对那个冷冰冰的事实：我并不了解自己，并不了解自己做某些事的动机。有许多次，我事情是做对了，出发点却错了。

那种旧的渴望开始在我内心蠢蠢欲动，它起初动得很慢，却在我心里累积了许多年。那就是认识自己的渴望。

坦白说，每当我发现自己有什么压抑着的或隐藏着的性格瑕疵和弱点，我都会又沮丧又尴尬。不过，大概是因为知道不管我自己看不看得见这些方面，别人都总会看得见，所以我还是不断地“揭穿”自己。因为既然我的性格和人格缺陷在别人眼中是明明白白的，那我自己也想知道。这总比不上知道那么尴尬吧。况且，别人也不会按照你希望的方式来看待你。

我们每个人都会帮自己发展出一种角色：英雄、小丑、悲剧角色、坏蛋、赢家、输家或是类似的其他假象。我们会这样做，是以为当个假象会比当真正的自己更容易、更安全或更聪明。然而，一旦与我们内容极其丰富的“真我”对比，这些角色便会立刻显现出它们的肤浅和空洞。

讽刺的是，唯一会被我们虚构出来的角色骗到的只有我们自己。我们全都可以看穿别人的伪装，唯独看不见自己的伪装。而这种自我发现有时会是一个很震撼的过程。

不过，每当我愿意正视自己的一个讨厌的部分时，总会有奇妙的事情发生。一旦我愿意充分承认自己的某个瑕疵，说出“对，我就是那样的人”这种话，并感受到与之相连的情绪时，它那种惹我讨厌的特质就会消失。不过，严格来说，它并不是消失，而是被整合到我的自我认知的其余部分，变成了一项资产而不是一种负累。

当我内在的“瑕疵”一旦受到承认和统合，它们就会变成一种坚定的能力。例如，我里面那个“论断别人者”会变成“明辨是非者”，我里面那个“自私者”会变成“自爱者”，诸如此类。

哪怕很多这类的自我发现在刚开始会让我很错愕，难以面对。不过长远来说，他们全都对我的自我概念有所改善。虚假的自我形象是让人痛苦和有害的，完全无法提供任何养分。正确的自我认知才能让人建立起自我尊重。

迄今所谈都是我在面对自我的“负面”部分时所感受的震撼。奇妙的是，我们对自己“正面”部分的抗拒程度也很高。两者都牵涉一种愿意承认自己错了的心态。正如《奇迹课程》里说过：我们宁愿自己是对的，也不愿快乐。我想，人的整个成长过程就相当于愿意不断承认我们是看错了自己。

# 定下来

你会孤单，是因为你的心渴望成长，变得有能力去认识真正的“合一”和“亲密无间”。

愉快接纳你的人生道路吧，哪怕沿途充满艰难险阻，因为只有通过它，你方能明白真理的本质。

檀香山的生活并不如外人所想象的那般诗情画意。定居在这里之后我才知道，它是一个寂寞的居住环境。这个岛并不欢迎外地人，所以我交到的朋友大都像我本人那样，是初来乍到者。

顶着美国本土“光环”的人会发现，夏威夷是个难相处的地方，所以大部分人都不会待太久。印象中，我每交到一个朋友，对方都会在不久之后搬离夏威夷。我以前从未生活在种族隔离的环境中，但这一次却觉得自己像是受到隔离，并为此感到受伤。

来到这里两个月后，我开始跟一个和蔼可亲的青年约会，他当然也是个新搬入者。他也是在复健领域工作，所以我们常常会在各种会议上碰到面，而每一次，我们都会喜欢有对方做伴。

我们之间从未产生过浪漫的情愫——这种情愫会让你想知道有关对方的一切。我们也没有太多可谈的话题。我怀疑，如果我们是住在美国本土，大概压根儿就不会开始约会，是夏威夷的寂寞环境让我们需要彼此。我们没有其他可以约会的对象，所以便愈来愈出双入对。

然后有一天晚上，我发现我俩竟开始共同计划起未来。吓一跳之余，我们不禁纳闷这是不是表示我们应该结婚。这样做一定会让我们双方的家人感到高兴，既然如此，结婚又有何不可？另外，那样的话，生活不会变得更有趣、更成熟和更值得过吗？

我在内心深处知道，我们都已不再对爱情怀有憧憬。我们两人都在少年时代碰到过伤心事，都不认为自己能够再次“坠入爱河”。所以，我们不是应该定下来，找个好对象结婚了事吗？这样，不就可以有个人跟你分摊开销和收入，以及一起打造未来吗？

所以，在没有谁向谁求婚的情况下，在不带着喜悦心情的情况下，我们决定结婚。举行婚礼挺有趣的，不是吗？

在接受牧师的婚前咨询时，他劝我们打消结婚的念头。他认为我们不是真的想要结婚，至少是没有非常想要结婚。我们听得一头雾水。

大喜日子来临前的两个星期，我们两个都开始感到心情沉重，害怕得要命。我们不应该结婚的！我们先前究竟是怎么想的！但请柬已经发出，婚礼的一切都安排就绪，箭在弦上。如果我们临时反悔，我们双方的家人会有多么错愕？我们怎么可以让每个人丢脸？我们怎么可以让我们自己丢脸？唉，老天爷，我们被困住了！

婚礼本身很有趣。父亲陪我走过红地毯时播放的音乐是巴哈的G小调小赋格曲。这乐曲是我自己挑的，但我却不知道为什么挑它（它一般都是用作葬礼的哀乐）。结婚当晚，我的新婚夫婿得了严重的喉咙痛和耳膜炎。当时我心想，这一定是他身体的潜意识反应，用意是让他用不着听他不想听的话，用不着说他不想说的话。

在我们出发度蜜月之前，医生到饭店来给他看了病。我们的蜜月地点是墨西哥的瓦哈卡。那是一趟寂寞之旅，我们看起来像是去了世界尽头。

随着时间过去，我们都把自己调整到能够适应共同生活的状态。我们是相处融洽的好室友，从不吵架。但我们只能算是刚好同住一个屋檐下的两个人，在感情的层次上从未发生真正的联系。

为了寻找些刺激，我计划了另一趟旅行。我们打算到新西兰去，途中顺道到斐济走走。此行想必会充满异国风情和乐趣！

没想到，在斐济下飞机后，迎接我们的却是倾盆大雨：雨季提前报到了。一连下了五天大雨，把我们困在饭店里，无事可做。因为我们是两个人待在一起，所以也没有人会跟我们搭讪。

饭店的客人都聚在草搭的酒吧里，隔着玻璃窗观看外面的滂沱大雨。我不喝酒，但我丈夫出于无聊，喝了不少酒。

然后在第三天，一件奇怪的事情发生了。

当时我丈夫喝得很醉，眼睛直勾勾地望着我。他像变了个人似的，说话不再含糊不清，而是变得清晰有力。就连他的声音听起来都变了，就像说话者是别人，又或是他自己的其他部分。

“我们不应该结婚的，”他说，“那是个错误决定。你应该嫁的是另一个人，一个好男人。你们有需要携手合作的工作要做。”然后他不再说话，转头继续观看窗外雨景。

第二天，我在他酒醒后问他昨天那一番话是什么意思，但他却什么都不记得了。

# 新范式

> 你在现实世界的生活只是你内在思想信念的一个隐喻。有一种方式可以让你以迥然不同的观点看待世界，它可以为你的心灵揭示新的意义，并改变一切，换言之是完全改变你的人生，让一切变得有意义。亲爱的朋友，难道你不想过一种冒险的人生吗？

我经历的最深刻的一次“范式转换”出现在我对生命意义进行苦苦思索之时。我还清楚记得这转换的实际发生时刻。在那之前，为了解答生命意义何在的问题，我读遍了一切相关作品，包括形而上学著作、深层心理学著作、全人疗法著作、通灵现象著作，还有世界各大宗教和灵修大师的著作。

就这样，我得到了所有的拼图，足以镶嵌出一幅全新的图画，一种截然不同的看世界的方式，唯一需要的只是我的心灵有勇气去构思它。但不知怎的，那答案虽近在咫尺，却可望而不可即，在一臂之遥的距离外挑逗着我，让我备感挫折。

然后有一天，我走在檀香山一条繁忙的大街上，心里“反刍”着两本刚读完的书（巴赫的《幻象》和凯斯的《高层次意识手册》）。我一面走一面思考，然后一种惊人的改变在我的头脑里发生：因为到达了某种理解的门槛或“临界量”，我的心灵停止了运作，无法继续思考。

它就像是栖息在一堵围墙的上面：围墙的一边是我熟悉的世界，它由惰性所控制，烙印着我一生的各种信念；另一边是一个崭新的世界，一种截然不同于过去的看事情的方式、一种新的生活方式，一个充满刺激的新前沿！这两个“范式”南辕北辙，迥然不同，简直就像天与地。它们互相排斥，以至于我必须在其中做出抉择。然后，我内心的某处做出了一个决定，而一种新的了悟也开始现出曙光。接下来的一刻，我体验到了人类智思的宏美。

由于我的心灵要求整合和一致，所以我的新思想开始与我既有的各种信念展开沟通，引发出无数的辩论。以比任何计算机还要快的速度运行，我的心灵不多久便达成了一个结论：毫无保留地拥护看世界的新方式吧！这时，我感到自己的心灵就像一个正在转动的万花筒那样，碎散为无数的碎片，然后又按照一种新的秩序开始自我重组。

然后，我用一双全新的眼睛打量四周，看到的是一个既怪异又奇妙的国度。它与我从前看到的世界迥然不同，差别大得就像是《绿野仙踪》里的奥兹国和现实中的堪萨斯。生命／心灵向我显示出它惊人的一面，不再像从前那般平庸无奇。

过去，每逢望向世界，我自自然然会看到一些在“在外头”的事物和一些“别”人，但现在我看到的却是我自己。

放眼望去尽是我自己，是那个呈现在各种人、地、事、物中的我。

我本来隐藏起来的那些方面（隐秘的内疚感、无情的评断、痛苦、各种需要）顿时获得了释放，能在我之外，在我的各种关系和经验之中表达自己。我不再把别人的冲突、两难或他们对我的攻击看成是“他们的问题”或“他们家的事情”。

既然我能在我的世界里看到这一切，就暗示着它们是我里面隐藏着的议题。由此可知，我生命中碰到的每件事情都是包含着意义的（这意义由我的心灵赋予）。没有事情是出于偶然。我的世界不过是我的意识的一个反映，而看世界就犹如照镜子。

我先前就知道，我睡梦中看到的东西都是我的心灵所创造的，全是包含着内容的象征，是自我概念的一种表达。现在，我进一步明白，即使醒着的时候，我的心灵照样会用同一种艺术手法表现自己。一切无非就是我。所以，我是可以透过解读发生在我四周的一切来认识我自己的。由小到大，这是我第一次认识到生命的把戏和幻象。

于是，我明白，整个世界皆存在于我的观点里，它是完全是可锻造的，只为我而存在。它是我的发明。只要我改变自己，改变我的信念，那外在世界就会同时发生改变。两者之间有着直接的对应关系。

作为学习的工具，这世界的荣美让我心生敬畏。我既需要为发生在这世界的一切负有最终责任，也具有改变事物和创造事物的最终能力，并有能力透过疗愈我自己去疗愈我的世界。

# 专 家

你若相信黑暗真的能够隐藏任何东西，奇迹便很容易给人恐怖的联想。你相信肉眼看不见的东西就不存在。这一信念为你否定了所有的灵性之见。

《奇迹课程》，正文第四页

据我的观察，当人们转换到一个全新的“范式”时，通常都会体验到一种能量的涌现和如同坠入情网般的亢奋感。那是一个充满刺激性的时刻。

我自己的范式转换则为我打开了全新层次的生理体验与精神体验。我得到了异象、离体经验、前生记忆（不同的人对这经验可以有不同的解释）和自发性的拙火觉醒（这对未受点化者可是一大惊吓）。对于这些我从未经历过的事情，我当然会感到阵阵恐惧，但它们所包含的美、爱（姑且这样称之）和无边大智却又让我深受吸引。

刚开始经历这些时，我不知道应该如何看待它们。为了确定我看到的东西不是幻觉或是由疾病所致（顺道一说，我不只不嗑药和不喝酒，也不沾任何带有咖啡因的饮料），我决定去请教一些专家。

我知道，如果我告诉别人我看见异象或有过通灵经验，一定会像是掀开一个爬满虫子的大罐子那样，引起别人的侧目和害怕。所以，我决定只提一个不那么会引起别人戒心的现象。那就是，每当我放松身体和闭上眼睛时，我都会看到彩色的光像液体那样在我的视觉范围里流淌。

光的颜色以蓝色为主，就像机场跑道夜间标灯那种蓝色。有时，主导色在稍后会从蓝色变为明亮的紫色。另外，我也会看到一些像从小水晶体折射出来的白光一样的光在不停闪烁。

偶尔，如果我跟某个人进入了很深的连结，我就会看到那些彩色光如团团云雾般从我身上飘到对方里面去（哪怕当时我张开眼睛也是如此）。另外，每逢打坐，我也可以骑着一团这样的云雾。

我第一位请教的专家是位内科医生。听了我的描述之后，他问我有没有打坐的习惯。然后又说，他从前学空手道的时候也会练习打坐，而他在打坐时会偶尔看到一点点我看到的那种光。他带着微笑，拍拍我的背说：“那是好东西。”

然后我去拜访一位脊椎矫正师，告诉他我经验到愈来愈强的能量沿着我的脊椎往上流动。“那种光是一种好东西。”他说。

我的眼科医生是个已届退休年龄的绅士。听了我的描述之后，他面带睿智的微笑，拍拍我的背说：“那是一种高层次意识的表征，是很好很好的东西。”

为了确定我自己的心理正常，我找了一位心理学家。他先前没接触过我所遭遇的现象。第一次咨询时，我毫无保留地告诉了他我曾经历的各种“另一度空间”的体验。他要求我去找他咨询六次，然后他才愿意提出一个专业的评估。

第六次咨询时，他告诉我他认为我完全健康。换成是别人告诉他那些事，他大概不会相信，但因为那是出自我的口，所以他相信我的经验是真实的。他甚至认为值得把我的个案分享给同事，让大家拓宽下眼界。

他问了我有哪些谈离体经验的书值得看，除了自己看，他还打算介绍给办公室里的其他治疗师看。我很好奇他的同事会做何感想。

你的灵魂里常驻着真正的智慧、纯正的灵性力量和临在。设法去跟它取得接触吧，亲爱的朋友，因为它也正百般努力要接触你。

# 喜哉，喜哉

奇迹能唤醒人的觉性，看出灵性（而非身体）才是真理的祭坛，这一体认便足以启动奇迹的疗愈能力。

《奇迹课程》，正文第四页

这一生中最令我心颤的事情，大概就是有一晚，我体验到自己从人生中“醒来”。我真实感受到我是从人生中醒了过来，就像先前发生的一切只是一场梦……那种你我晚上睡觉都会梦见的梦。

每当晚上做梦，我都会把梦中的一切当成真实的。我买它的账，我相信它。我相信梦里发生的一切都是真人实事。即便梦中发生的事情会有点不合逻辑，但我仍然把一切当真。

每次刚醒来，还处于半睡半醒交界点之际，我便开始产生怀疑。我会问自己：“唔，那是真的吗？”然后我会明白过来：“啊，我是刚醒来。现在这一切才是真的，方才只是做梦。”

这样，先前的梦就会自动消散，沉落到我的意识深处。

我也许还可以记得梦中的二三事，特别是如果那个梦有些什么引人入胜之处的话。但因为我知道梦境是虚假的，毫无价值可言，所以它很快便会完全蒸发掉，不留痕迹。接着，我会全心全意投入到“真实”生活当中，并相信它才是真实和重要的，是我必须加以关注的。

然后有一个晚上，我如常上床睡觉，并做了梦。但在梦中，我突然被一种振动感所席卷，并醒了过来。在我醒来之后看到的并不是平常的实相，不是我平常的生活，而是一种完全不同的实相。它比原来的实相更可爱、更让人感到快乐和光明。感觉上，我就像是坐在伊甸园或天界的草地里。它截然不同于我平时信以为真的那种生活，两者的差别大得就像是梦中的世界和日常的现实世界。

在刚从日常实相“转醒”的一段短暂时间里，我再度经历了那种半睡半醒的经验。回顾过往，我仍记得我是那个叫兰西的人。我记得我的家人、朋友和生活的环境。不过，随着我变得更清醒，那片雾开始消散，而我也猛然记起，那个叫兰西的人根本不是我。那只是一个梦。而既然只是梦，它对我便毫无重要性可言。

所以我就放开手，任由它像其他梦境那样滑入到我的心灵深处。因为毕竟，它只是个梦，它不是真的。我向之转醒的那个实相要清明许多、璀璨许多、真实许多，又真实又鲜明。“我是怎么搞的，怎么会一直把那个梦当成是真人实事?”我纳闷地这样自问。

只可惜我无法一直待在这个伊甸园里。又过了一会儿，我极为失望地发现，自己又被拉回到平常的现实中。不过，这番短暂体验却给了我一个价值连城的教益。世界各大宗教都视人生为梦幻，这种说法并不是打比喻，也不是为方便施教而提出。它是不二的真理，人生真的不过是一场梦。

你的灵性努力要把你拉进觉醒状态。你正在走的，是一条通向开悟、通向了悟自己真实自性的旅途。

世间的所有生命都是一所经验的学校，而它们全都指向一个方向：回家的方向。

# 扶助中心

转化是一个过程，可以疗愈你与爱的分离。

不管你此生得到过多少赐福，亲爱的朋友，若是你与那个无限的“爱之源”失去联系，你仍然会感到空虚、孤单和局限。

我心中有两个目标正在成型。第一个目标与我为拓展新视界而对信息和经验的如饥似渴有关。我几乎把所有的空余时间都用在阅读、听演讲和参加工作坊上。我决定“创造”一个职位，让我既可以有薪水领，又可以从工作中学习我想学习的东西。这是我的第一个目标。

第二个目标与我一个不可告人的羞愧有关，而它也是我隐藏得最好的秘密。这秘密就是，我没有爱的能力。我的心就像石头一样死寂无感。

我猜想没多少人会看得出我这方面的残缺，因为我在别人面前总是装出一副热心助人的模样。但证据确凿，我已经失去了平常人会有的那种感受爱的能力。我希望疗愈我的心，让它重新活起来，可以感受一切。这是我的第二个目标。

在第二天进行每天例行打坐的时候，我在脑海里看见了本地牧师的脸。我觉得这是一个启示，便写信给他，说明我的情况，及我想要做些儿童和形而上方面工作的意愿。我很快便收到回信，他在信中表示事情真是凑巧。

原来他正在跟一些医生和小区领袖商议，计划根据《奇迹课程》里的形而上教导，建立一个专门帮助重症儿童和他们家人的机构。他们刚刚决定，那机构应该由一位支薪的主任负责规划和运营。他请我在报上看到征人广告后提出申请。

我告诉上司我打算转职到那个帮助重症儿童的计划，并说明原因。我想让他早早知道我有离职的打算，以便及早物色接替人手。我开始为我的工作收尾，又利用休息时间打包书籍和文件。征求扶助中心主任的广告刊出后，一共有 80 人提出申请。但我从未有一刻怀疑过，那职位是我的囊中之物，是为我量身打造的。

当我受雇成为新成立的“青年扶助中心”的“执行主任”之后，我大部分同事朋友都备感震惊，担心我老是要面对一些将死的小孩会有不良后果。很多人都建议我要在心里与那些小孩保持距离，以免感到痛苦和心碎。听到他们的忠告，我只是微笑和点头，没透露我的目的就是让自己的心可以破碎开来，变得有感觉。

我希望再一次可以感受喜怒哀乐，相信自己若是在毫无心防的情况下面对一些一心想活下去的孩子，那我里面那个已经死掉或不在乎死活的部分将会受到冲击。我知道那些小孩将会进入我的心，并把它打开。

我希望感受心的一切——全部的我。那是很吓人的经验。

# 恰 克

你可曾害怕永远无法找到一个值得过的人生？信任人生的过程吧，哪怕它有时会让人不愉快和充满困难。只要充分利用每一个成长的机会，你就自然会对准你的人生目的迈进。

扶助中心是根据《奇迹课程》（一部阐述灵性体系和心理体系的自修书）的概念规划的。当我还不是《奇迹课程》的学生时，便已看出它包含着一个庞大的智能体系，不是一下子就能吸收，所以决定采取全浸润式的方法来学习它。

除了单独自修教材，我又参加了一个新成立的《奇迹课程》研习小组。小组的组员堪称“绝配”。除了我这个 28 岁的小镇姑娘以外，小组还有另外四个成员：一位美发师兼男同性恋者、一位天主教修女、一位“可恶的”中年高中老师（他会跟自己的女学生约会），以及一位老穿三件式西装来聚会的日裔眼科医生（三件式西装在夏威夷难得一见）。令我们觉得极为有趣的是，我们竟然能够有某些深入的共同点。有时候，聚会结束后我们会一起外出，为的只是想让别人看看我们这个奇怪的组合。对于彼此，我们有着很深的连结、感情和敬重。

我们觉得彼此是完美的学习伙伴。我们把各自所学应用到生活上，再在每周聚会时分享五花八门的洞见和趣事。

偶尔也会有其他人来串个场。例如，有个叫琳内的华裔女士曾来参加我们的团体，过了不久，就跟小组的几位男士杠上了，两星期后便退出了。她因为喜欢我，跟我要了电话号码。我和她都体验过婚姻的“死寂”，所以她想我们应该找个时间彼此聊聊。

此后四个月，琳内都没来电。有一天晚上的 11 点（11 点在夏威夷算是很晚了），我家的电话响了起来。我从酣睡中被揪起，过了好一会儿才想起“琳内”是何人。她对自己用这么粗鲁的方式吵醒我备感惶恐。

“最惨的是，”她说，“我甚至不知道为什么偏偏挑这个时候打给你！我正在赶时间，要赶去机场，搭午夜的班机飞到美国本土，可我不但没有一把抓起行李往大门冲，反而跑到电话前面，找出你的电话号码，打电话给你！”

这时我脑子突然有一个声音告诉我，这一通电话的重要性非同小可。“等一下，琳内。你为什么要到本土去？”

“那里有一位很棒的心理专家，我好不容易存够了钱，买了机票，要飞到那里找他咨询。回家之后，我会把学到的一切整合起来，再一面存钱。”

我想，那心理专家一定超棒。“告诉我，那位心理专家是住在圣地亚哥吗？”

“对，”她回答说，口气不胜惊讶，“你怎么知道的？我没有告诉过你他住哪儿啊!”

“这嘛,”我说,“我准备两星期内到圣地亚哥一趟,有一种最强烈的直觉告诉我,我应该去见见他。你可以给我他的名字和电话号码吗?”

第二天早上,我照琳内给我的电话号码打到恰克·斯佩扎诺博士的住家兼办公室去。我完全不知道,琳内当时就在他那里接受咨询。她和恰克刚休息了十分钟,正准备重新开始。电话就在这时响起。

“琳内,”恰克说,“我从不在咨询时接电话。但一种最强烈的直觉告诉我,我应该接这通电话。你介意吗?”琳内说她不介意。

恰克接电话时,我说明自己是琳内的朋友,并表明想约时间咨询。我还说,我唯一抽得出来的空是两星期后的某天的某一段短时间。

恰克表示理解地哼了两声:“你要晓得,我常常都要到外地出差主持研习会,而回来之后,日程表又是排得满满的。不过,让我看看——”片刻之后,他惊讶地说:“你知道吗,今天早上刚刚才有人取消了预约,而且就是你唯一有空那个时段。换言之,我可以见你。”

两星期后,我沿着加州的高速公路去往恰克家。他开门后,我震惊于对方竟是那么有魅力的一个男人。他英俊、热情而友好。经过交谈后,他的专业素养开始让我折服。不管我起初有多么的局促(跟一个深具吸引力又凑巧未婚的男性单独相处难免会让人感到局促),它们此时都烟消云散。我感到完全的舒适自在和安全。

那一次的咨询非常棒。他的方法既深入又轻松，打破了许多传统疗法的边界和局限。我纳闷研究所的教授怎么从未这么快又这么有效地教会过我什么。更有意思的是，恰克的方法是以《奇迹课程》的概念为基础。以前从未有过一个治疗师能让我如此动容。这让我记起，我曾经祈求上天让我认识一个能体现《奇迹课程》概念的人，好让我可以把他作为榜样，加以仿效。

在茶歇时间，恰克搁下我一个人，自己去了房子另一头的办公室。我日后才知道，他在办公室里做了个小祷告："主啊，如果你希望我结婚，请让我娶到一个像那一位一样的!"

咨询时段的后半部分集中在处理我那段岌岌可危的婚姻。恰克采取了一个角色扮演的直觉方法：由他来"扮演"我，然后由我问"我自己"各种问题，借此透过一个比我的浑浊心灵更深的来源取得答案。

一般来说，他每次运用这方法都可以取得很大成功。但那一天，我却惊讶地净听到他说我有多希望我的婚姻可以维持下去。

我当时不知道他已被我吸引，所以才会采取额外努力，设法不介入我的婚姻。我在心里承诺，回到家以后，我要跟先生参加更多的婚姻咨询。

那次咨询结束后，我感动得提出邀约。我告诉他有关扶助中心和我们的义工培训计划的事。我问他，如果我们的中心支付开销，不知道他是不是愿意抽出一晚的时间，到中心开个工作坊，帮我们培训义工。他欣然同意。原来他一直就有到夏威夷去做些工作的打算。我们初步约定，工作坊定在九个月之后的八月举行。

送我走出大门时，恰克提出了一个奇怪的建议。他说有一位年长女士就住附近，在家里开了一些艺术课程，教人色彩疗法和曼陀罗疗愈法。她也精于用塔罗牌算命，甚至有一副牌是欧洲的吉卜赛人之王送她的。恰克又说，她不只长得美，还是人类中的瑰宝，说我既然有这机会，不妨去见见她。

我犹豫了一下。多年以来，我出于害怕，从不碰塔罗牌。不过听恰克的口气，这位女士应该是个大好人。而且我猜，既然没有事先约好，她会有空见我的机会应该很少。

我按照恰克给的号码拨了电话。另一头传来的是一个甜美的声音。“既然是恰克推荐的人，我当然可以见你。”她说，同时表明她现在就有空！

不到半小时，我便已经坐在她的工作室里，面前摊开着一副塔罗牌。她说的话我大都不记得了，却记得她在我没有催促的情况下根据塔罗牌评论了我的婚姻状况。

“你丈夫是个非常和气的人，但你本来不应该嫁给他的！你们之间没有深刻的连结。”

几乎没有停顿，她继续说：“至于恰克嘛，他却不同……你会不会觉得他棒呆了？真是个不折不扣的天才！”

我不知道她在塔罗牌里看到些什么，但我不得不同意她的话。恰克真的是棒呆了。

六个月后，在接受过更多婚姻咨询后，我和丈夫决定离婚。我们分清了财产，连律师也没请就自己办好了手续。这是个相当友善的分手，但我仍然觉得我的人生走到了死胡同。我是个失败者，未来黯淡无光。当时我完全不知道，我人生最美好的部分正要展开。

# 坦 白

你也许会纳闷，亲爱的朋友，你当初是怎么会被隔离于自己的情绪之外。其实那是避免不了的。

从小，大人就教导你应该避谈自己的情绪，以致到了最后，你甚至感受不到它们的存在。最终，你不再认为自己有权去感受你所感受到的喜怒哀乐……

每个想加入扶助中心的家庭都需要接受初步面谈，而其中一个面谈让我印象特别深刻。那一天是典型的夏威夷艳阳天，我刻意把面谈安排在凉台上，围着一张大矮桌进行，好让大家可以享受花园里的美景和清风。

这家人的父亲是白种人，母亲是夏威夷原住民。两人都是教徒，信仰非常虔诚。他们育有五个小孩，最大的七岁，最小的才六个月大。这对夫妻都还年轻，而且看得出来很相爱。几个孩子看起来也备受爱护，亲子之间和手足之间都有着很深的连结。

生病的是家里的二儿子戴维，他五岁大，因为得了血癌而必须接受治疗。他有一种掩饰不住的别扭：他脸上总是挂着微笑却看得出来对自己剃光的头耿耿于怀。我请他父母就座时，戴维和他七岁的大哥闹着玩扭打了一下。几个小孩跪在大矮桌四周，用蜡笔在纸上画画。我会提供这些画材，除了让小孩不无聊，也是想从他们画的东西里看出些什么。

在听取他们家和戴维的情况时，我自己也画了一幅画。我画的是夏威夷的海景，画中有一个小岛和一艘帆船。那帆船是蓝绿两色，在水波上起伏着，被太阳照得熠熠生辉。

我和那对父母谈话时发现，他们从没有告诉其他孩子，戴维得了血癌。因为不想吓到小孩，他们从不公开谈论这件事。但我知道，把事情摊开来反而会让几个小孩更好过，因为那样的话，他们就可以表现出自己的恐惧和担忧，抒发情绪和接受安慰，并甩掉一些错误的观念。

于是，我开导那对夫妻说，他们其实应该和几个孩子坐下来，告诉他们戴维得了血癌，而这又意味着什么：他们应该向孩子说明戴维会接受哪些医疗程序、前景如何，以及他们应该做哪些心理准备。在我说这番话的时候，戴维的大哥一度打岔，问他妈妈："妈，'泰坦尼克号'怎么拼?"

我望向他的画。就像我的一样，他画的也是海景，但画中的船是一艘大船，由黑色、棕色和红色的粗条纹构成。

妈妈把字拼出来后，戴维的大哥把"泰坦尼克号"几个字（想也知道）写在了船身上面。我看得出来，那是一艘正在沉没的船，船身还着了火。海面上漂浮着一些小人儿，人人都表情惊恐。最前面的一个人看起来像个小男孩，他头发直竖，嘴巴撑成圆形，好像在说："啊，救命!"

面谈结束后，戴维父母留在原地，给几个孩子说明了戴维的病况。当他们准备离开时，我看到戴维的大哥已经把画画好了。他在画面前方多画了一艘蓝绿两色的帆船，位置就在那落水小孩的旁边：显然，那小孩将会获救。他不会有事了。他将可以说出溺水时的恐惧。

这一家人离开前，小戴维转过身面向我。短暂迟疑之后，他猛冲过来，双手紧紧搂住我的两条腿，继而又转身冲出了门。

# 约 翰

你可以开始去感受心中的一切了。你已经受到了支持，获得了批准，而且拥有了力量。我是以非常真实的方式与你同在的，亲爱的朋友。所有人原是一体，无所谓彼此。我了解你的喜怒哀乐。我知道你是谁。在你内心深处真正渴求的是——被认识。

人心的最大渴望就是完全被认识，因此而真正被爱着……

在扶助中心工作期间，有一次我到邻近的茂宜岛，参加一个名为“生、死与过渡”的培训课程。那个周末对我的冲击非常巨大。

星期天下午搭机回欧胡岛时，我的心思仍然被培训课程中吸收到的经验萦绕着。我坐在机位里，陷入深深的沉思，没空注意其他旅客。

直到有个人走到我旁边，坐下来，让我无法置之不理为止。他是个大约二十岁的年轻人，高大、壮硕、俊美，一头金发。这位年轻北欧人最惹人注目之处是身上散发着无比的活力和生命力。

我不得不注意他，这是没得选择的。他兴高采烈和灿烂的笑容几乎把我淹没。他告诉我，他刚参加完在茂宜岛举行的独木舟比赛，他的队伍在激战中获胜。这是他第一次当舵手，而他表现杰出，他快乐得像是站在云霄上。他为我描述比赛的每一个细节，把胜利的荣耀呈现在我眼前。

短途飞行结束后，我意识到自己真的很在乎这个年轻人。我对老天充满感激——为我们之中有一个人能够获得一切和享受生命的极致而感激。我为他感到快乐，在下飞机说再见时，我向他献上最大的祝福。

回到工作岗位的第二个星期，儿童医院的精神科护士打电话给我，说有一个新的个案想请我帮忙处理。医院里有一个男孩子整天自怨自艾、怨天尤人，把所有人都当成敌人。他患的是一种遗传性疾病，称为囊肿纤维化。现在，他的肺部充满疤状组织，最后会停止运作。

他的垂头丧气把我们这里的每个人都搞得垂头丧气，那护士说。她对我们中心并不抱太高期望，不过认为不妨一试。即使不成功，她至少可以因为尽了力而感到心安理得。

她又告诉我，当她向那男孩儿说出我的名字时，对方竟然表示愿意见我——这着实出乎她的意料。这完全不像是那男孩儿的作风，但她并没有多问。

第二天，我去医院，找到男孩的房间。进去之后，我根本不敢相信自己的眼睛。坐在床上而且手臂上插着静脉注射管的，竟然就是那个高大俊美的北欧青年。他给我一个咧到耳朵根的大大的笑容。

显然，他在飞机上听过我的名字，所以可以在护士提到时一下子想起来。我陷入极大震撼之中，脑子停止了运作。悲苦像拳头那样一下下打在了我的心脏上。“怎么可能是你?”我问他。接下来，他告诉我他的病况，以及他一路来步步奋战的经过。

囊肿纤维化会缩小他的肺容量，限制他的呼吸能力。他一直努力奋战，想要让身体把吸入的氧气得到最有效的运用。他又健身又举重，简直到了拼命的程度。但他的病情依然步步紧逼。上周的独木舟比赛绝对是他能参加的最后一次比赛。这就是为什么获胜对他意义如此重大。

患有囊肿纤维化的人通常在孩提或少年时代便会死亡。他能够活到 21 岁的成年年纪可以说是个奇迹。他面对的是一场打不赢的战争。最近，他已经无法驾驭自己这种犹如被打败般的忧郁感，因而变得愤怒。

我相信，约翰愿意向我敞开心扉，是因为跟我分享过他比赛胜利的经验。他谈到了一些让他苦恼的问题：死亡是怎么回事？什么会发生在一个死去的人身上?

我将自己所知道的有关死亡的一切都告诉了他。从那些曾短暂死去的人那里得知，死亡的时候会有灿烂的光召唤我们，已故的家人和朋友会在另一边等着我们，我们再也不会感到任何痛苦。

他要我常来看他。我们长谈了许多哲学和形而上学的话题，发展出一份友谊。有一次，他还向医院请假，带我到大学看一卷帕斯卡尔利亚谈何谓之爱的录像带。

我对约翰的幻想没能实现着实让我心碎。他并不是“拥有一切”的人。他将永远不会拥有健康、妻子或儿女。但这全然不会减少约翰所获得过的丰盛：美、爱和一心一意当自己生命舵手的勇气。

# 尚 农

当你感到被阵阵的情绪拖拽时，利用它们作为通往内心的救生索吧！利用浮现的感觉作为工具，让自己学会如何重新获得感觉，让自己变得彻底活起来吧！

打开你的心，亲爱的朋友，放胆去感觉吧！任何情绪、任何感觉都可以作为一条线，把你带回你的心，然后让你与爱产生内在联系。每当你开始与情绪共振，你就得到了一个契机，可以释放出另一层次的旧创，疗愈你自己，进一步让你对生命敞开。

在所有第一次来扶助中心的小孩之中，尚农是最快捉住我的心的一个。他是个十岁的小男孩，带有葡萄牙血统。我第一次见到他是在医院里，当时他刚动完第二次手术。手术的目的是切除一颗在他脑子里快速生长的大肿瘤，但并不成功。

这次手术导致尚农左半边身体的神经受损。现在，他的左脸已不能微笑，左手也不能抓东西。每当走路时，他都得把左腿拖在后面。他的头发被剃光，一条缝线横过他的脑门，让人看了心头一紧。我们被介绍认识时，他正设法透过一根吸管喝饮料。他有点昏昏沉沉的，旁边的人告诉我，他可能会不记得我来过。

我对尚农和他妈妈“古怪”的行为举止深感惊讶。所谓的“古怪”，是指他们母子对当前发生的事似乎毫不介怀。病房里完全没有愁云惨雾。他们似乎是以平常心接受一切，让我对两人油然萌生敬意。

经过几个星期的相处后，他解除了面对我时的羞涩，把我拉近他，视我如朋友。我沐浴在我们风趣和亲密的互动中。每次来扶助中心聚会，他都会戴着太阳眼镜，一拐一拐地走路，像个埃及人那样挥动右手，自称他是“扶助中心的酷仔老乔”。然后他会一拍我的屁股，说道：“嘿，兰西！你好吗?”我喜欢他的调调，完全被他折服。

有一天，相当突然，尚农改变了自己皈依的教派，而我很荣幸地应邀前去见证他的浸礼。只见他整个人没入水中之后，突然把头伸出浸礼池，露出一个大大的笑容，对着会众的第一排挥手，喊道：“嗨，妈。”

等尚农不能上学之后，我们相处的时间愈来愈多。他有时会到我的办公室跟我耗在一起，有时会带我到他家去探望他的大家族。

尚农的病情看起来相当稳定。没有人能想到他会突然有一晚大出血，死在妈妈怀里。当我接到她的电话得知消息后，我感到肾上腺素急速飙升，但没有感到悲恸。

她问我是否可以在尚农的丧礼上致挽词。我又动容又荣幸，也很高兴有机会可以告诉大家，我从这个小朋友身上学到了什么。但听到尚农的死讯时，我为什么没有情绪反应呢？这让我备感困惑。是因为我的形而上和灵性信仰让我相信人有死后生命，所以我才会体验不到悲恸吗？

几天后的早上，我走进同一家浸信会教堂，里面坐满尚农的家人和朋友，还有扶助中心的义工和成员家庭。一种悲喜交集而又具体可触的爱弥漫在空气中，而且不知怎么回事让人的视觉更清晰更纯粹。你可以感受到一种伟大炼金术的所有元素正在酝酿，让在场每个人都有机会卷进一次伟大的接触中。

我在尚农父母后面两排的长凳上坐下来，瞧了一下程序单，得知我的致辞是被安排在会众唱完一首赞美诗之后。我感觉了一下自己的心，感到自己对致辞的内容灵感神来、准备充分而胸有成竹。

但那首赞美诗——尚农最爱唱的“耶稣爱我”——却让我猝不及防。对在场的许多成年人而言，这是我们长大后第一次唱这首我们小时候深爱过的歌。

这首歌的力量和纯朴提升了我们，让我们再一次回转为小孩。它太甜美、太真实、太个人也太让人心有戚戚了。它撕去了一切把我们隔离于我们的心和情感的防卫。我们全都从心坎里哭了出来。然后，诗歌在我完全没有心理准备的情况下唱完了，轮到我上台致辞了。

这时的我却完全被情绪的狂涛卷住。我完全失去了专心致志的能力，无法走到讲台去，也无法致辞。尚农妈妈从长凳上转过身望着我，眼睛炯炯有神。她鼓励我站起来。我听得见她的无声讯息：别哭！她希望这个丧礼可以荣耀尚农的人生。

运用我发展有素的情感压抑能力，我感到一个强有力的内在机制从我胃部向上伸出，以它的铁拳将在我喉头打转的情绪一把攥住，然后带着这种情绪潜回黑暗深处。我的悲恸之门再一次关起。我告诉自己，迟些时候要再把这扇门打开，以完成我的情绪处理过程。

然后，我发现自己能够走到教堂最前面致辞了。我的声音湿软，但我没哭出来。我说了我想说的一切。我分享了我从尚农人生中学到的一切教益，送出了他曾送给我的礼物。在场每个人都开始领受到灵思、爱，甚至快乐。

之后，所有人一起下楼，到教堂大厅里参加一个盛大宴会。小孩子嘻嘻哈哈，四处乱跑；大人则谈笑风生，互相拥抱，那感觉好美。我们在那个大厅里经验到了天国。宴会持续了几个小时，没有人想要离开。

当天下午很晚回到家之后，我心里想："现在可以尽情地哭，把事情做个了结了。"但我等了又等，却什么都没能感觉到。那扇曾经在唱赞美诗中途短暂打开的门被关得死死的。我甚至找不到一丝细缝，让我可以知道那扇门是在哪里。我的防卫机制又恢复了它的掌控权。要等到下一个月，那扇门才会再度打开。

# 莉 萨

如果你的心现在就打开会怎样？如果你在它里面找到的尽是悲苦辛酸怎么办？

如果你放开所有的抗拒任由自己投进你的情绪井会有什么后果？它会是有底的吗？你会不会永远找不到出口？

你问的这些都是好问题，亲爱的朋友。因为它们是你必须面对的，也是你必须冒的险。而我可以信心十足地回答你：

你里面不存在无底的情绪井。感受任何情绪都是安全的，不管它们看起来有多么无边无际。只有充分感受过一种情绪，你才能完成它和疗愈它。然后，在那情绪结束之时，你就会找到你的心，了解心的功能……

尚农去世之后大概一个月，扶助中心碰到了另一个危机。一个叫莉萨的漂亮女孩要准备动手术。她 15 岁，有着菲律宾和葡萄牙血统。

又聪明又受欢迎的莉萨是高中啦啦队的队员。她的癌症也是这样才发现的。在一场美式足球比赛中，她跃起来表演欢呼的动作，但着地时一条腿却无法站直。在急诊室进行的X光检查显示，她的膝盖里长了骨癌。

我第一次见到莉萨时，她那头及腰的漂亮秀发已经剪短，以准备接受化疗。化疗将会蹂躏她的身体，让她变成秃子。第一阶段化疗的目标是要缩小膝盖肿瘤的尺寸。当医生对结果满意后，便会进行膝盖切除手术。开刀时如果发现她的腿骨已经无可救药，医生将会把整条腿齐臀部切除。

手术前一晚，我完全不敢想象漂亮的莉萨如何面对自己有可能变成只剩下一条腿，以及她的内心会恐惧到何种程度。我觉得我必须到医院去，给她和她的家人一些支持，甚至有需要给她们加油打气。我知道这是我不能回避的责任，哪怕我很想回避。开车到医院途中，我竭尽所能给自己做好心理准备。

穿过由电梯和走廊构成的医院迷宫后，我找到了莉萨的病房。门是关着的。我敲了敲门，听见有什么声音突然安静下来。然后房门像是为了隐瞒什么似的，只打开了一道小缝。一双乌黑的眼睛打量着我："放心啦，是兰西。"我听到有声音说："快进来，兰西。"

然后随着短促的咯咯笑声，我被拉进了房间，房门迅速关上。陪在莉萨旁边的有她的祖母、妈妈和妹妹。原来她们走私进来了一个比萨（手术前是严格禁止吃东西的）。莉萨明显吃得津津有味，也很享受祖孙四人制订的女权联合宣言。

她坐在床上，调皮地享受着每一口美食的滋味。我环顾了一下，完全呆住了。我是走进了一个派对！几个女人都是嘻嘻哈哈。她们笑着，彼此逗弄着，互开玩笑，乐不可支。我看见的是不可能发生的一幕！

在莉萨可能会失去一条腿的前一晚，她们是哪来这种感受快乐的勇气的？明天的前景明明可能很恐怖，但她们竟有能力在这个时刻选择快乐！眼前这一幕的冲击力大得让我不禁流下泪来。

莉萨妈妈丽兹看到我脸上的表情，便走过来，带我到另一张病床坐下。“我们知道，这很不好过。”她说完便把一只手搭在我肩膀上，拍了拍我的背。

我看着她们，目瞪口呆。竟是她们来安慰我，竟是她们来鼓励我。幸好，她们没有受我影响，继续进行她们的派对，继续闲聊、嬉戏、笑闹和感受彼此的柔情。她们不是在压抑自己的感情。她们是真的很快乐。

几分钟之后，我断定我提供的“帮助”已经足够，便很有风度地给她们献上最衷心的祝福，然后离去。一等我把房门关上，我的情绪便再也止不住。她们竭力放射出心之光芒的勇气是那么感人至深和充满力量，让我像是挨了狠狠一拳那样跌进了自己的情绪井里。我开始感到悲恸，为莉萨失去一个完美的青春期而悲恸，为她妈妈的心而悲恸。

我也为尚农的死而悲恸，为他家人的失亲之痛而悲恸，为他从我的生命里消失悲恸。眼泪从我的脸颊簌簌而下，我要靠手去摸索电梯的按钮。我好不容易才走出医院的门、走过停车场和找到我的车。开在高速公路上时我都在哭，感到汹涌的悲恸。

这时候，我已不再是为那两个孩子悲恸，而是在为自己悲恸。我为我有过的每一次小心碎而悲恸，为我有过的每个失望悲恸，为每一个被我塞进内心的小死亡和没有勇气去哀悼而悲恸。

我打开雨刷，要把挡风玻璃上的雨水拨去。然后我发现，不是车子外面下雨，而是心里下雨。

当天晚上是《奇迹课程》学习小组聚会的时间。我盼着见这些朋友，一路迷迷糊糊开到目的地。抵达那里时已经迟到，我走入聚会的教堂。面对他们，我完全说不出话。但我的表情大概已经诉说了一切。

每个人都起身迎向我，把我领进他们的中央。他们抱着我，让我在悲伤和重生之中掏空了一生所蓄积的死亡。我们这样默默待在一起几个小时，始终不发一语。然后他们扶着仍然抽泣着的我回到车上。我一路把车开回家，上了床，一直哭到睡着为止。

当我第二天醒来，那觉醒的感觉就像当年我最后一次走出大学的心理咨询中心。从这一刻起，我有了一个新的世界、一种新的生活、一颗新的心。

莉萨的手术非常成功。她的膝盖被切除了。现在，一根临时的铁条把她的大腿连接于小腿。医生又从她的臀骨里取出一小块，用来代替膝盖骨。该处将会慢慢长出新骨。

莉萨又活了五年才最终死于癌症。直到人生的尽头，她始终保持着高贵的性情、风趣的个性和对生命的热爱。

扶助中心带给我的最大教益大概就是让我知道如何释放悲伤。尚农死去之后，我要经过一个月才能感到悲伤。后来，随着每一次有小孩死亡，我的悲伤都会来得更快一些，以致到了最后，我在见每个朋友临终一面的时候都能马上放下，在爱的临在中跟他们说再见。

我后来一直与莉萨的妈妈保持联络。这星期，我正好路过她工作的百货公司，便进去看看她。一如往常，我们都很高兴看到对方。

感觉上，她就像是踏出了身体，在真理、勇气和力量上跟我连结了起来。我们彼此是多么真实地面对我们的失落感，为有能力感受到爱而觉得喜乐。

她不是多愁善感的人，但仍然握着我的手说："你永远永远不会知道自己帮了我多大的忙，而我又是多么感激。要不是你一直拉我到中心去，天晓得我会变成什么样子！要不是得到中心的扶助，要不是上了那些课程，我绝不可能接受莉萨的死亡。"

"我因为太过想她，有时会很难熬。但我还有她的朋友，还有维姬和诺玛（中心的另外两位妈妈），而我们生命里也有这么多善在发生。因为有那么多的爱，我觉得莉萨就在我身边，会陪着我过完此生。"

人往往是处身最恶劣的环境中才最能表现出人类最优秀的一面。想要在任何时候摆脱痛苦，你需要做的只是向前走，走入光中，放射出心中的祝福，为善做出贡献。

一旦你愿意这样做，亲爱的朋友，你将不再需要透过痛苦来学习该学的功课。爱与快乐的拉力将教会你一切需要懂得的。

# 温 迪

奇迹最大的功能在于它有能力解除你错误的孤立感、匮乏感及被剥削感。

《奇迹课程》，正文第六页

扶助中心的另一个突出人物是个调皮捣蛋鬼，名叫温达。我们都昵称她温迪。她在很多方面都很不寻常。

她其中一个不寻常之处是她还活着。她能活到 21 岁生日只能说是个奇迹。她患有罕见的遗传性先天失调，称为特发性过碱磷酸盐症。这种病是那么的可怕和痛苦，让人不敢想象她过的是什么样的生活。

温迪的头部（不包括形状）大小与正常人无异，但她的身高只有 75 厘米，体重只有 12 公斤。由于她的骨骼是向内生长的，因而导致肋骨内弯并刺到内脏。她的身体畸形得那么厉害，让人纳闷她怎么能继续长大和继续活着。

虽然她的脸形并不正常，但却透着真正的美，最美的是她的双眼。一旦你跟她熟悉，你就几乎不会注意她的身体，因为她散发的力量感非常引人注目。她有着非常活泼和非常刚强的个性。

温驯、惹人怜爱而富有同情心，这女孩从不抱怨什么。她的身体明明会不断感觉疼痛，但她就是不抱怨，就像她已经吃了剂量足以杀死一匹马的止痛药。她身上也无时无刻不插着静脉注射管和氧气管，因为不如此她就活不了。

1982年，也就是温迪22岁的那一年，医生断定再为她做些什么都已经不合适。他们打算拔掉她的静脉注射管，送她回家等死，因为继续让她以目前的状态活着是不人道的。他们相信，只要拔掉温迪的静脉注射管，不再提供给她心脏的必需药物和其他药物，她就会自然死亡。

于是，温迪回到家，为自己准备后事。她以极高昂的兴致安排自己的葬礼。她要把葬礼弄得无比盛大，让在场每个人都能够尽兴而归。她要我们在葬礼上播放她最喜欢的摇滚乐曲，给她穿上她领圣餐时穿的白色洋装和面纱。她想让自己看起来像个小新娘。这象征着，她此生虽然不能有一个丈夫，却能在天堂里当基督的新娘。她是波多黎各人后裔，具有强烈而虔诚的天主教信仰。

最重要的是，她想要在自己的葬礼上传达一个信息，对她的家人、朋友和老师说心里最想说的话。她请我帮她把这一信息写下来并代她宣读。

她的整个世界不过就是她的房间、她形影不离的病床、以鼻管连接的氧气筒，以及悬挂在她床头上方的几千件小饰品、钥匙圈和小小只的填充动物玩偶。

她喜欢“小”东西，像她一样小的东西。每件挂在她床头的小礼物都代表着一个曾探望她的人，代表着一个回忆。

她几乎不能动弹，完全是靠挥动一支木制的“不求人”来统治她的小王国。

每天早上，她妈妈都得花两小时帮她找出一个舒服的姿势。她无法以同一姿势躺太久，所以必须勤加移动，又由于她的骨头脆弱得像鸟翅，搬动她身体时必须非常轻柔。

那天，要向我口授遗言时，她做了一件非常让我感动的举动：她让我看她的身体。她平常都是一个很保守的人，但那一天，她却想要让我知道她的人生有多么恐怖。

然后她开始轻声细语地说话。她说了几个小时，我在旁边记录，直到她把所有想说的话说完为止。然后我回家去，把笔记整理出来。

以下就是温迪想让大家在葬礼上听到的话：

“我请我的朋友兰西记下我的想法，在今天念给大家听。她倾听我谈我的感受很多次，而我知道她了解我。我也感觉得到，我两年前死于同一疾病的 17 岁弟弟格里高里就在一旁，引导着兰西下笔。我有一个艰难的人生，但那也是一个成功的人生。我想利用这次机会跟大家分享我所学习到的宝贵知识。

我把自己的人生视为成功，是因为我感到我的人生已经达成了目标。有许多人虽然非常长寿，却没能达成目标。人生的目标就是理解到爱是一切。

我的人生发生了许多事，让我甚至不知道该从何说起。我不想用我的苦恼来苦恼大家，但我想跟大家分享我是谁，以及我对这生命的体验。

我感受过大量情绪上的痛苦、挫折和失望，但我设法不流露出来。所以，很少有人能够看穿“书的封面”，看到我内里的聪慧、成熟和幽默。大部分人都因为我的体型而把我当婴儿看待，就像我是个不会有感觉的人似的。我谢谢我爹地总是知道应该怎样对待我。

我总是希望有一个意中人，但大多数男孩都害怕我。我蛮嫉妒我的姐妹和朋友，因为她们可以外出约会而我却不行。我因为胸骨畸形，甚至不能穿戴普通衣服和首饰。

所以有很多次，我都感到没人了解我。有好多次夜里我都是一直哭着睡着，有好多次想要结束自己的生命，有好多次觉得自己是个活死人。

我的人生就像一列云霄飞车，过去这几年尤其如此。有许多次，当我快速往下坠，我都害怕我会被抛出车外。但我总是设法保持在轨道上，接受人生的高低起伏。我想要感谢我的高中老师山田小姐，她总是愿意聆听我说话、接纳我和鼓励我。

我是个个性非常独立的人，凡事喜欢亲力亲为。所以，我人生的最大遗憾一直是我的无助和对别人的依赖。我总是对自己不能生活自理这点厌恶万分。我过的是一种没有隐私的生活。妈妈每天都必须花几小时为我洗澡和穿衣服。

看见别人为我劳累让我心里痛苦。妈妈因为需要不断挪动我而得了背痛，又常常只是为了陪我而在旁边一坐几个小时。我知道她受尽了折磨。这些年来，她就像个被我关在监狱里的囚犯，因为我一直需要她陪我。我想让你知道我有多爱你，妈妈，有多感谢你为我所做过的一切。我希望你和爹地以后可以重新开始新生活。

我越来越厌倦生活在温迪的身体里。我有时会无法相信自己的人生竟会这么艰难，竟需要承受这么多的疼痛。即使吃药可以把我肺里的痛止住，我的胃又会翻腾，而好不容易等我的胃平复下来，我的头或身体其他部分又会开始作怪。我晚上很难睡着，常常害怕身体哪里又会突然疼痛起来。我已经许久没有享受过片刻没有疼痛的安宁。

我痛恨自己离不开静脉注射管和氧气筒。我渴望自由自在。除了恨自己的身体，我有时也会恨自己：恨我对别人为我做的事不知感激。

我的人生一点都不容易。我从未能接纳我的残缺。我有过许多挑战和许多失望。但我始终知道，神让这些事发生在我的身上，一定有他的理由。后来，我是从一群非常特别的人身上明白这道理，明白我人生的目标。他们就是我在青年扶助中心的朋友。人生在世竟然可以有那么多美好的人围在身边，真是太美妙了，我的家人以前都孤立封闭，但他们现在却变得可以敞开心扉。我爹地有了可以倾吐和依靠的朋友。

我从未有机会交许多朋友。我来来去去都是置身于同一所学校的同一批孩子中间，交不到其他朋友。但现在我有了莉萨和史达夫妮两个朋友，而我不能相信自己竟然可以对她们那么敞开内心。中心里的义工替我写了一本书，我是从这书中才发现自己原来是谁。我一直都看不见那个他们能看见的我。我以前不明白我所做的一切是为了帮助别人，不明白神挑选了我作为他派到人世的一个老师。

我相信人生像一道彩虹。起初我们都挣扎着往上爬。如果你办得到的话，最终就会找到一坛金子。我从在座的你们身上找到了那坛金子。我从真正的友谊与爱里找到了它。在我眼中，大家闪亮得就像金子。

我明白了神所安排的美意和礼物是这个：帮助别人的能力。我感到自己的内在无比充盈。爱就是一切。”

温迪把这信收到活页夹，藏在房间某处。她妈妈答应，不到葬礼那一天不会把信打开来看。后来有一天，临终学家库布勒罗丝前来探望她。温迪请她打开活页夹，把信拿出来一读。库布勒罗丝读后大受感动，找人帮温迪印了一些名片，又把最后两段话印在上面。名片上还画着一坛金子和一道彩虹。温迪花了很多小时给它们涂上颜色。谁来探望她，她就会给谁送一张名片。

有些人深为这份礼物感动，而这些名片也在世界各地流传开来。教宗和特里莎修女各收到过一张。后来，那两段话被编成了一首歌。温迪真的触动了许多人的生命。

1990 年，我终于在她的葬礼上念出她要传达的讯息。那时离她出院回家等死已经有八年了。

我邀请你去感觉自己苦乐交杂的心跳。这样，你就会感受到你的哀伤，又感受到在你里面流淌着的爱。对心的焦灼敞开你自己吧，对心的温柔敞开你自己吧。

追随它往里面走，去到忧伤最强烈的所在。这时，你也许会觉得喉咙或身体某部分一阵阵地抽紧，但不用担心，那只是被情绪揪住。你的专注力将会把它融化——大概是融化为泪水。

现在，看看你是不是可以把那情绪感受得更强烈。臣服于那情绪，毫无抵抗地投入它吧。

现在，再更加强烈地感受那情绪，听任自己去感知它的源头……

让回忆自行升起和浮现，一面继续更强烈去感觉。紧握住你的心不要放，把它当成你的目标：透过你的勇气与坚持，赢回你自己。

这样，天上的众天使将会环抱着你，感谢你的坚持意愿。你真正被爱的程度远超乎你的想象。现在，听任自己去感受那份爱。你是被爱着的，亲爱的朋友。你是被爱着的，而爱就是一切。

# 伊莱贾

奇迹本身无足轻重。重要的是它的终极源头，它的价值超乎人间的评估。

《奇迹课程》，正文第三页

经由扶助中心，我认识了一个信仰极虔诚的家庭。对他们而言，宗教极为真实可触，乃至是他们生命的核心。不管他们遇上什么，目睹什么，都总会看见神的身影。

他们是基督教会的信徒，除星期天聚会一整天，星期三晚上也会聚会。家里各人的名字都依《旧约圣经》里的人物命名。他们的宗教信仰是他们身份认同的基础。

家里排行中间的孩子名叫伊莱贾，七岁大，患有癌症。当这家人第一次来到扶助中心的时候，伊莱贾的身体已被疾病侵蚀得厉害。虽然好动机灵，但他却不得不困在轮椅里。他和家人很勤于参加中心的聚会，也热心于为其他家庭加油打气。这期间，伊莱贾的身体进一步衰弱。他原本的体重是28 公斤，到死前却只剩 11 公斤。

死前几个月，伊莱贾开始产生那种常见于临死病人身上的灵异经验，有能力进入另一个次元的空间。例如，晚上睡觉时，他会看见睡同一房间的妹妹灵魂出窍，去玩她的玩具。伊莱贾最初感到害怕，但慢慢习以为常。

稍后，伊莱贾又开始看见耶稣。耶稣会走到他床边，告诉他，过不久就会把他带到天国去。

对此，伊莱贾起初会感到害怕，但很快就变得乐不可支，他把这件事情告诉了父母。对他深深爱着和信赖着耶稣的父母来说，这消息当然是既美妙又可怕。

他们为伊莱贾得到耶稣的眷顾快乐不已，但他父亲却说："儿子，你就不能请求耶稣改变主意，让你在我们身边多待一阵子吗？"

伊莱贾微笑着回答："不行，爹地，不行……"

没过多久，伊莱贾便进入了弥留之际。在他生命中的最后一小时，亲人朋友聚集在他家里，围在他四周。他躺在床上，除眼睛外身体几乎无法动弹。他望着房门，一直望一直望，眼睛睁得愈来愈大，惨白的脸上洋溢着快乐。

因为不能说话，他无法告诉别人他看见了什么。他的父母什么都没看见，却问伊莱贾："你看见耶稣来了，对吗？"

伊莱贾带着微笑点点头。对，他看得见耶稣。不久，伊莱贾就合上眼睛，离开了人世。

让我学到最多的是参加他的葬礼。我从未见过那样的葬礼。这教会每当有教友蒙主宠召，就会举行一个葬礼来终结所有的葬礼。会众会在教会里待一整天，然后举行一个盛大的宴会。我是说，他们真的在庆祝死亡。

这是我头一遭见识到这样的教会。那真是一次奇妙经验。

每当牧师或其他人说了句什么，其他会众就会说一声“阿门!”或“感谢主!”，插一声“哈利路亚!”或“谢谢耶稣!”

他们是兴高采烈地说出这些颂语，就像是他们看到太多荣光、感受到太多喜乐，不能自已。那些称颂的话像是从胸口里迸发出来。我从未看过有人会像他们那样，对生命碰到的任何事物都心存感激。他们是名副其实地赞颂一切，毫无偏袒。

我也永远忘不了牧师所说的一番话。牧师是夏威夷人，个头小年纪大，但精神矍铄。他说了一通大意如下的挽词：

“我最后一次看到伊莱贾……感谢主！……就是在这教堂里……感谢主！……我看见他在院子的另一头……阿门！……朝着我跑过来……阿门！……一直冲到我面前……谢谢耶稣！……踩着我擦得漂漂亮亮的皮鞋……赞美主！……好个调皮的小孩……阿门!”

他的话中毫无批评的意思，仅仅是在描述伊莱贾是个怎样的小孩：“好个调皮的小孩!”这话深深地感动了我。完全没有批评的意思：我找不出更好的形容词了。

追思礼拜结束后，我们一起走到墓地。在夏威夷，我们参加葬礼时都会带一个鲜花花环。棺材入土后，我们会把花环扔在棺盖上，作为道别的方式，就像是说了一声“阿啰哈”。那是一种无比痛切和感人的经验，也是一种道别的好方式。它真的可以引领人们将过去放下。

当伊莱贾的棺材缓缓放入坑中时，他父母开始唱一首夏威夷的平安与道别之歌。那是一首伊莱贾爱唱的歌。歌词原是夏威夷文，翻译过来意思如下：

阿啰哈

愿你认识他的平安

阿啰哈

愿他引领和保佑你

要保持信心

要保持真诚

因为有朝一日

我们也将会向世界说一声阿啰哈。

他们的声音洪亮、清澈，没有一丝的滞涩、一丝的拘束。他们完全敞开，他们的心或声音对道别毫无抗拒。那是一种爱的全然倾泻，一种信靠的全然倾泻。他们信靠他们的神、信靠他的奇妙作为。他们向儿子道别的歌声美得让人屏息。

这家人此后继续参加扶助中心的聚会。看见其他尚健在的小孩，难免会勾起他们的丧子之痛，但他们希望继续为其他家庭加油打气。人类每逢信靠就会获得勇气和力量的滋养，而他们已找到这勇气与力量。

信靠可以解决一切问题。所以，信靠吧，亲爱的朋友。信任你展开着的情感。信任疗愈的过程。信任那在你面前展开的生命。它的发生是为了教导你、扶持你和解放你。做人是美丽的，是“爱”的织毯上色彩明亮的丝线。

# 快乐革命

奇迹是一项服务。它是你能给人的至高服务。它是“爱邻如己”的一种途径。你会由此同时认出自己与邻人的价值。

《奇迹课程》，正文第四页

回顾扶助中心（现已改称 HUGS）过去 12 年来的延续和成长，我感到莫大的欣慰。它一直以一种不同的方式为那些患有重症而必须面对巨大恐惧的小孩提供“照料”。它一直深信，透过爱和互相扶持，人的心有领受疗愈的能力。

我们在这些小孩和他们的家人之间创造了一个称为“中心”的空间。但这个“中心”不是一个物理空间，而是一份关系。它是一个“派对”，出现在以下各种场合：扶助中心的聚会和晚宴；婴儿出生庆典和生日派对；浸礼会场；医院病房；家庭探访，甚至是葬礼。每当哪里有两个及以上的中心成员、义工、职员或董事聚在一起，哪里就会存在那种不包含评断的爱的关系；每当哪里有那样的爱存在，哪里就会出现奇迹。那些本来感到孤立和恐惧的人现在有了真正了解他们的“家人”，他们可以在这些“家人”间做真正的自己。

我们的计划一开始启动，一场快乐的革命就开始发生在医院的病房里。现在，中心的所有亲子们都认识彼此，会互相探望，会为彼此跑腿，会一起玩、一起聊天和一起欢笑。

在这里，你会看到一些前所未有的奇景：例如看到四岁大的艾妮卡推着她的静脉注射推车走过医院走廊，到大孩子的病房区，探访她 21 岁大的朋友温迪。如果你探头到房间去，一定会看见她们在哄笑！看到 HUGS 活力充沛，仍然付出关爱和保持愿景，我是何等的慰藉。

中心的工作为我提供了绝无仅有的机缘，让我的人格得到发展并使我迈向成熟。它让我看到人类最美好的一面、最有勇气的一面、最仁慈的一面、最忠诚的一面和最信靠的一面。这些都是弥足珍贵的经验。

除了忘不了每个小孩和他们的父母手足以外，我也忘不了那十几位参与计划的义工的美。我从未看过一群人能如此和谐共处和彼此欣赏。在扶助中心里，我们每个人都是为了学习和得到成长而参与其事。我们之间的爱是我们邀请各家庭所共襄的“盛举”，而扶助中心各种活动所洋溢的喜乐也是由其催化。

这种炼金术的秘密说穿了很简单：我们是以水平的方式互动，换言之彼此是平起平坐的。我虽然是中心的主任，但这只不过是因为总得有个人来主事而已。我们总是以平等的方式对待彼此，又把生病小孩和他们的家人纳入到这种“平等”之中——正是这一点让爱的奇迹得以发生。在这里没有人会被当成“病人”、次一等的人种、太小、太老或太特别。

我们只是爱着彼此。

有一次，加州“心态治疗中心”（同类型帮助重症孩子的计划）的创立人杨波尔斯基博士参加过我们的聚会之后，对他在聚会中看到和感受到的爱敬畏不已。“你是从哪里找到这些义工的？”他问我。但真正的重点是他们已经找到了自己的心。

与扶助中心的家庭一起工作疗愈了我残缺的感受能力。我的心再一次活了起来！现在，我既可以感受到神思高亢的高昂时刻，也可以熬过忧愁和沮丧的低谷。我以一种从前未有过（或很多年以来都未有过的）的方式活出了我的生命。

我现在所教的东西，许多都是从“中心”的朋友中学来的。从马来西亚到瑞士，许多人听过我讲述阿瑟、约翰、尚农、莉萨、温迪、伊莱贾和其他孩子的故事之后深深受益，感动得哭出来。

这些小孩继续教导着我们，继续帮助着我们。他们的美和智慧仍然让我们的心和灵深深为之动容。毕竟，我们仍然身处那种爱的关系中，也仍然举行着那些“派对”。

亲爱的朋友，如果你能够承认生命里每一段关系所带来的祝福，你就会成为充满喜乐的人。

在每一个正在展开的环境，在每一次的际遇，在每一个时刻，都有爱存在着。

# 求 爱

> 奇迹为你的神圣性而呈现，圣化你的愿景。它将你置于自然律之上，将你提升至天界。在天界里，你永远完美无缺。
>
> 《奇迹课程》，正文第五页

我认识恰克一年后，在他第二次来夏威夷主持工作坊期间，我们展开了一段亲密关系。但他是个无比独立的人，会同时与六七个女性交往，喜欢不时开进不同的避风港寻求慰藉。

他非常害怕做出感情上的承诺，害怕得从来不敢提“结婚”二字。他是个十足的滑头，但又有着无法阻挡的吸引力。他明白表示过，如果我想与他继续保持关系，就得按照他的游戏规则相处。总之，我若是受到伤害，他将无法承担责任(显然他经历过的愧疚感和心碎已经多到无法驾驭的地步)。

我知道自己找到了我的梦中情人，我的真命天子。不幸的是，大部分跟他交往的女性也有着同样的感觉，而恰克也决心不被谁绑死。

我继续赞助着恰克的工作坊，每两个月就会把他找来夏威夷一次。每次他来，我们都设法抽出时间到附近的岛屿走走，有时甚至会去得更远，到大溪地和墨西哥的卡巴圣路卡斯进行浪漫旅行。

他住在檀香山的时候，我们常常会外出散步，从我位于钻头山山坡的家出发，穿过卡皮欧拉尼公园一直走到漂亮的圣苏西海滩，享受那里的阳光，放松一下。有一个无比温煦怡人的下午，当我们取道卡皮欧拉尼公园返回家里时，目睹了一个奇异景象。

当时，虽然天空万里无云，却有一阵薄雾随着清风飘来(显然是来自山脉另一边的云层)。在我们面前不远处，一道大约两三米长的小彩虹赫然出现。

一般来说，你越往一道彩虹走去它就会越往后退，但我们面前的这条小彩虹却不是这样。我们惊讶地发现，我们竟然可以从虹拱下面通过。穿过之后，我们回头看去，料想彩虹应该已经消失了……但是却没有！它留驻着，停在原地不动，不理会太阳在它背后猛照，仍然艳丽如昔。这完全违反物理法则啊！待我们向前又走了二十米之后，它依然快乐地待在原处。

虽然目睹这种无法解释的神奇现象让我们又惊又喜，但我们在回家的路上却没有多少交谈。我们两人都在心里默默揣摩着它的意义。我们把它看成是一个预兆，应许着我们的未来将会金光灿烂，预言着一种“连结”将要来临。

然后，在一个早上，那种终极的性经验发生在我身上。当时，我们刚从恰克主持的一个早餐俱乐部的聚会回到家。

他那一天的演讲特别启人神思，而他焕发的美也让我屏息不已。回到家之后，我们开始做爱。

然后，一种我从未体验过的感觉发生在我身上。我猜想，我是因为处于神思勃发或充满爱的状态，所以当我们做爱时，一种自发性的表达才会在我内心之处喷涌而出。一个单词把我给攫住，充满了我整个心灵：欢迎！欢迎！

我以前从未以这种方式欢迎过任何人。那是一种情感、肉体、灵性和性欲上的欢迎。我毫无保留地欢迎恰克进入我。我没有怨尤，也没有任何分离的渴望。在我们情感和身体接触的那些点上，我感到自己变得完全柔软、放松，充满邀请性和接纳性。那是一种脱胎换骨的璀璨经验。

然后我开始感觉到一个异象。我眼前的不再是恰克，而是一道由光或者什么物质构成的巨大拱形光束，它从我的身体向外延伸，一直延伸至无限远处。它与我相接之处很小。我仰头望去，只见这道光仿佛是由超级灿烂的金色和粉红色云雾构成，从我身上延伸到极远处，直至充满整个地平线。

我知道它是没有尽头的。我知道我正在望向无限。我同时也知道，我正在看着神的脸，因为那道光会回望我！

虽然我看不到任何眼睛，却知道自己正在被看着，完全地被爱着，完全地被认识。这经验最深邃的部分大概是我感受到，这“大智慧”以一种无比的幽默感打量着我，带着慈悲和喜乐笑进了我的骨子里。

我只肯定这个神可以称之为神（因为他完全符合神的古典定义：全知、全能、无所不在），还是一个对我有切身了解的神。他对我的一切无所不知、无所不爱，觉得我的一切都是那么的好笑，值得大笑好几回！

这经验最难以置信的部分是这“神性”直接进到我里面。我是说，我具体感受到神就是我。我看似就是这“璀璨”的一片在狭窄地延伸，看似我虽然只是人类，却也是神性最前沿的体现。

我在这个金碧辉煌的异象中悬浮了一段时间。悬浮了多久呢？是三秒钟吗？还是三分钟？很难说清楚。然后，这异象在狂喜中结束了。我开始哭泣，既是深受它的冲击力震撼地哭，也是因为失去它而哭。恰克搂住我，任我在他怀里哭了老半天。

亲爱的朋友，与神圣者合为一体所能带来的喜乐远超过你所能想象的。你有没有能力找到神性，端视你是不是愿意看到你四周事物的美。透过扩展你认识上天之爱的能力，你也会从回映中认识到自己的价值。

# 念珠藤的芬芳

> 所有的奇迹都充满生命，上主则是你生命的赋予者。他的天音会明确而具体地指引你。他会告诉你该知道的一切。
>
> 《奇迹课程》，正文第三页

每个人在生命中都会经验神迹奇事。我在 1983 年的时候便蒙福地获得过一次不可思议的经验。当时，一整个星期里，我都被提升到一种高层次的意识状态——你喜欢的话不妨称之为“开悟”。那是一种文字无法形容的经验，但却包含着三种特质。以下，我会尽我所能加以描述。

第一是它会让人对当下产生高强度的觉知。那是一种“无念的觉知”，在其中，心灵仍然有能力思考，却不会像平常那样喋喋不休。我的心灵变得放松、静谧、空灵和充满平安。那真是一种神奇的轻盈之感！

这时，我的觉知专注在两件事情上。首先是，我觉知到，有一道金色的智慧之柱从我的头顶往下延伸，一直贯穿到我的生命核心。随这临在而来的是一个“声音”。

只要我对什么感到好奇，那“声音”就会做出响应。我意识到，它对天上地下的信息和智慧无所不知。能够与神性这样交流，让人感到莫大的满足。

其次就是对心的觉知。我的心会不断散发出一种软香的芬芳，感觉上就像是念珠藤的香气（念珠藤的叶子是夏威夷花环最珍贵的花材。）

我整日感受内心的芬芳，并与神的声音交流，真如置身在人间之中。我还是能够走路、说话、工作和料理各种生活事务，却不会再受思维的折磨，我变得自由自在。我什么都不必做，便自自然然漂浮在美之中。

有三件事情导致我进入这种神奇的境界。第一件事情是我和恰克两人的心目标合一。我们在《奇迹课程》中读到了以下这段有力的文字：

我只要上主的平安。
上主的平安是我唯一的目标，
是我活在世上的目的，亦是我追寻的终点；
它是我流落异乡的一切目的、一切任务与生命之所寄。
（学员练习手册，第 388 页）

我们知道我们共同想要的是什么：我们想要我们的关系成为一种圣洁的关系。我们想要超越“特殊性”和需要，创造出真爱与完整性，因为只有真爱和完整性可以把我们一路带回“家”。

我们握着彼此的手，看着彼此的眼睛，请求上天帮助我们，做出这一承诺。看起来，正是这承诺带来了一些有趣的效果。

第二件事情发生在我开悟的两天前的晚上。当时，我的一个朋友邀我和恰克到她家与他们夫妻俩共进晚餐。饭后在厨房清理碗盘时，我向她抱怨起，要跟别的女人分享恰克着实难受。

听到这个，我朋友笑了，说道："显然的是，走出这痛苦的唯一方法是疗愈它。你不是一直想要疗愈你的小我吗？何不利用这个大好机会！"

我深受震撼。她没说错，我真的一直想疗愈我的小我。所以，当我和恰克开车回到家里之后，我对他做出了一个承诺。

我承诺，不管我们的关系将来发生什么变化，我都会永远是他的朋友。不管他会不会成为我的伴侣，我都会爱着他。除了在背后支持他以外，没有别的事对我而言是重要的。做出这个承诺之后，我觉得我看待他的方式改变了，而这种改变让我获得了极大的释放。

第三件事情发生在两天后他主持的工作坊上。在场的一位女士举起手，谈到了一个困扰了她大半生的烦恼。

这一次，恰克没有用他百试百灵的方法去帮助她。他凭直觉知道，我可以为那位女士提供答案。他建议我跟我的"超我"发生接触，以便发现该怎么做。

我以前从未做过类似的事，但因为我对恰克的信赖极为彻底，所以我轻易就滑入了他要求我进入的冥思状态。末了，透过同理心的代入，我知道了那女士的人生经历过什么，然后把它细说了出来。那是一则让人伤心的故事，那女士一面听一面啜泣。

然后，一股力量感和欢畅感穿过我，我便问她，她想不想让我帮她把问题除掉。“想！”她哭着说。“肯定吗？”“肯定！”她回答说。

于是，我走到她坐着的地方，把一只手放在她胸前，接着，我请其他人围在那位女士四周，各以一只手按在她身上。这样做了以后，我感到自己的冥思状态深化成了我先前描绘的那种开悟经验。

当时，我漂浮在一片惊人的平安感之中。我猜想我必须保持完全静止才能维持住它。我不能肯定若我移动身体的话，这种感觉还能不能够持续下去。

但最后，我发现它不但没有在我移动身体的时候消失，甚至在我走路和说话时都不会消失。这真是神奇得匪夷所思！从这个制高点往外看去，一切都变得截然不同。

我还记得，事后我告诉恰克，如果女人可以让他快乐，他就应该多交一些女朋友！我不会缠着他，也不需要拥有他。我太满足于我所获得的喜乐，所以没有改变或控制他的需要。

我以前所未有的宽宏方式爱着他。我的心变得更敞开。性爱是美事。我感觉，我与他的伙伴关系密切得超乎我曾经可以想象的一切，俨然是一种神圣的关系。

然后，那星期结束时，我开始有时会从开悟的状态飘走。我发现自己又开始思考了。每当这种情况发生时，我都会记得把心转向那个“声音”，让它作一天的计划和思考，并记得把我的注意力转向我内心的甜美芬芳。

我意识到，生命的全部重点，不过就是做出以下这个简单的选择：让神来安排一切，我们只专注于爱本身就好。我又明白了，想要感受爱是很容易的，需要的只是我们有那个意愿，把觉知移动到我们可以领受爱的那个所在。

可惜的是，当我在电话里与恰克聊过一回后（他当时已回到美国本土），我发现他并不相信我的心胸宽大到可以持之以恒。他很难相信我看见那个有关我们伙伴关系的异象是真的。以他过去的男女经验，他会这样想是自然的，但对我而言却充满了杀伤力。那诱惑对我说，如果恰克不能在这一点上与我心意相通，那我最好还是追随他而去。

接着我就开始往下坠，在漫长的黑暗和痛苦中不断坠落，和早先坠落凡尘一样。我人生中有过很多次这种往下坠的经验，每一次都让人难受，只是这一次加倍难受，因为这一次我是从一个更高的高处往下坠，摔到一个比一周前更低的低处。

摔到底之后，我开始挣扎，重新往上爬坡，感到自己极端稠密、自我中心和充满小我，也知道要花多大的努力才可以重拾自己，我为此惶恐不已。我感到心碎，但至少这一次我知道，如果我们愿意把心敞开，将会有什么在前面等着我们。我知道幸福会在哪个方向等待我们，而我也再一次向着那条路径挺进。

我们全都在寻觅神性，只是有些人是盲目地寻觅，有些人是保持着恒常的思慕和专注。千万不要分神啊，亲爱的朋友。与神性的交流乃是人生的目的。

# 感觉一切

我们应把每一天都献给奇迹。时间的目的原是为了教你如何善用时间。因此它是一种教具，只是完成目的的一种手段而已。当时间一旦无助于学习时，便没有存在的必要了。

《奇迹课程》，正文第四页

我后来离开扶助中心（但仍以担任董事的方式继续与中心保持联系），去了一家由恰克、另一位心理专家和我合办的转化式学校当讲师。办学这个好主意是我们那位心理专家朋友所倡议的。

恰克当时已搬来了夏威夷，我们两人在欧胡岛的迎风面合租了一栋房子。房子位于一个香蕉种植园内，四周有茂盛的树林和热带花园，不远处镶嵌着科奥劳山脉的奇伟峭壁和水声潺潺的山涧，景致有如天堂。每逢下雨，我们就会看到六束瀑布从山壁的褶皱中奔流而下。晚上，天空繁星密布。

大约在这个时候，一件有趣的事情发生了：一种新的才华礼物开始从我心里流出。

恰克是个大忙人。除了在转化式学校教书，他还被征召当了牧师（教友因为太爱戴他而拥立他当牧师）。另外，他也继续到世界各地去主持研习会。

在教会里，我扮演的是个不值得羡慕的角色：牧师的同居女友。这个角色让我不自在，但原因倒不是它会让我招人白眼或被人指指点点（我们的教友没这么食古不化），而是因为许多女教友都暗地里或不那么暗地里迷恋着恰克。

既然只是有着“牧师女友”的身份，我当然没资格在礼拜结束后站在恰克旁边，跟每个教友握手和拥抱。但两个月之后，我却发现我在会堂外面的点心桌旁边发展出了自己的送别队列。

每周的礼拜结束后，一条人龙便会排好，耐心等待接受我的拥抱。当我抱着每个人时，便开始感觉到一些事。有时感觉到悲伤，有时感觉到受伤或羞愧。这时，我或对方（或两人一道）便会小哭一下，直至感到心情畅快为止。然后对方会谢谢我，容光焕发地说：“我就是非要等到这拥抱不可！”或是说：“我可不愿意错过每周一次的拥抱！”这是一个奇怪的现象，甚至让我感到难为情。到底是怎么一回事？

看来，我开始可以感觉到别人的内心感受了。起初，我感到极端困惑，因为有些人不承认他们有我说的那种感受。

例如，有一次，我和恰克在一家餐厅偶然遇上一个朋友。她告诉我们，她刚卖掉房子，准备搬进一栋公寓大楼。听着她说话，我感受到一股巨浪般的悲伤和失落感，便说她要搬离心爱的房子一定很难过。不料她却回答：“胡说，我一点都没有那样的感觉。平房老是需要维修，住公寓省事多了。”

但我继续在她说话时感觉到她的悲伤。我完全糊涂了。离开餐厅时，我对恰克说出了我的困惑。“别犯傻了！”他说，“你不知道她有多努力否认自己的感觉。如果我是你，就不会因为别人的自说自话而否定自己的直觉。”

于是我开始研究这种现象。随着我的体验日渐增加，我认定自己真的可以感觉到别人的内心，至少是有时候可以。不过，这到底是好事还是坏事，我却不敢断言。

我认真在考虑这个问题。看来，每当我用同理心代入他人里面，每当我关心别人和他们的感觉时，我便可以产生通感经验。另外，透过这种结合、这种发生，也会带来一些好事。别人会得到帮助，因为疗愈乃是这种连结的结果。

但我又纳闷，如果我继续去感觉别人的一切感觉，有什么将会发生在我身上呢？这种与别人“合一”的状态会不会对我自己的身体或心灵造成某种损害呢？如果我完全豁出去，把谨慎抛诸脑后，尽情去感觉我能感觉到的一切，我是不是早晚会变成疯子，甚至死掉？

我感到害怕。我找不到任何书籍文章提到过这种事，找不到任教诲或灵性道路帮助我感觉我的感觉，不知道哪些时候有任何相关著作。但我的心告诉我，我是走在了独自所造的道路上，应该继续前行。

最后，我是因为认定恰克可以帮助我才下定决心的。我掂量，如果我纵情地投入情绪又迷失在其中，恰克一定有办法找到我并把我拉回来。

所以，我决定要去关照我能感受的一切感觉，不管那其实只是我个人的情绪，还是一个我与对方真正共享的经验。

我打心坎儿里相信，这种做法对我自己的帮助，绝对不亚于对方从我身上所获得的协助。

于是，我发展出一种很私人的心理治疗业务，也就是说，我除了为案主提供咨询外，还会与他们结合，为他们带来情绪的疗愈。随着他们恢复感觉的能力，他们也解决了关系和健康的问题，不再为反复出现的老问题纠缠不清。

我开始运用我的概念和方法，跟恰克一起主持研习会，而我也学会怎样在同一时间处理一群人的心与灵。感觉上，每当我能够用同理心敞开自己去感觉别人的痛苦时，我自己的旧痛也会被释放。

我发现并没有“情绪无底洞”这回事：每种情绪都顶多只有几桶水的量。所以，松手、飞入情绪是件安全的事，而且愈快飞情绪就愈好，因为这样一来，就能更快走完情绪。

然后，有一天，我向我的“高层心灵”提出了一个明智的要求。因为体认到我生命中遇到的每件事都是为帮助我成长而发生，都是为了让我得以与自己发生接触，都是为了披露我心灵里某些被否认和掩埋的部分，我便向我的“高层心灵”提出一项交易的请求：

如果我愿意去感觉我里面的一切感觉，以及来找我的人的一切感觉，那么，我的“高层心灵”（或任何主其事者）是不是也可以答应派完美案主来疗愈我自己呢？会不会，当与我有着相似旧创的人带着他们的问题来找我，我就可以透过他们的问题与创痛帮助我自己，接通到我的旧痛中去？若我们能够一起疗愈的话，我就不需要老是得透过戏剧化的人生来引发出自己的“旧伤口”。

我的“高层心灵”显然应允了我的要求。从那时起，人生对我而言就变得平顺了许多。我因为愿意去感觉而获得了很好的奖赏。随着我这种同理心治疗能力的日趋成熟，我学会了如何与他人结合和承认痛苦，不再需要从我自己的身体系统揪出所有情绪来。更微妙、更雅致和更有帮助的通道因而打开和发展出来。

接受每一天都是在召唤你活出慈悲心。对你周遭的人的需求觉醒，并以愈来愈大的热忱去疗愈分裂，以此作为回应。

所有生命原是一体……当你运用你的能力去改善生命的任何一部分，生命的整体亦将蒙福。

# 会 议

奇迹具有疗愈作用，因为它能弥补某种欠缺，使一时比较富裕的得以弥补一时比较欠缺者之所需。

《奇迹课程》，正文第三页

当我第一次实验自己与他人结合的能力时，我得到的体验让我可以这么说：“我不知道我竟有这么大的力量!”那时候，我和恰克赞助了一个与国际人类统一会议同步举行的夏威夷区会议。我们邀来夏威夷和加州的演讲者在全体大会上演讲，又策划了各种小型工作坊，供与会者自由选择。这样，许多演讲者虽然没机会在大会上演讲，但仍然可以主持工作坊。

会议进行得很美妙，整个周末都犹如一场庆典，充满启发性、爱和笑声。恰克使出浑身解数，扯开喉咙发表谈话。我们的朋友泰里·麦克布莱也是魅力四射。工作坊场场引人入胜，一切都进行得顺畅无比。

出于某些原因，会议最后一天多出来了一段空档。我被派去主持这段时间，怎样运用都随我的便。我当时想，来宾之中既然有几个超棒的人，就应该利用这机会让在场的所有人认识认识。

我想，如果我有机会让这些人带给全体与会者一些收获，将会是很棒的事。于是，我决定把他们拉上台说说话，借此创造一个奇迹。

那时，我才刚刚发展出与他人结合的能力。我并不确切地知道，如果我与某个上台者结合的话，会发生什么后果，但我猜想应该只会有好的结果。

我听说来宾之中有一位来自加州的牙医一直在闹别扭。他不停地挑毛病和抱怨。我觉得他为人可爱又做了一些很棒的工作，应该获得一些额外的支持和赏识。

我站起来，宣布说有两三个人是我想介绍给大家认识。当我喊出那牙医的名字时，他完全一脸错愕，他不敢相信自己的耳朵。

他站起来，一脸眩晕的神情，在一片鼓掌声中走上了讲台。我请他坐在一把椅子上，然后说："我们只是想认识你，我们想多认识你，多知道一些你所做的奇妙工作。你能为我们介绍一些什么吗？"

然后我让我的心和他的心连结起来。他很快便哭了出来："我是这么的自以为是、格格不入。我一直在挑剔每个人。我从加州远道而来，这里却没有人把我当一回事。没有人为我鼓掌，也没有人认为我有资格在大会上讲话。自从来到这里之后，我就变得小鼻子小眼睛，又把我的坏情绪传染给每个我接触的人。"

他一面说话一面泪如雨下。他已经剖开了自己，袒露出深藏着的羞愧情绪。尽管他自抵达后一直是个惹人厌的人，但现在却获得肯定并且得到了关爱。他为此喜极而泣。

然后他告诉大家一件事情："刚受到邀请当来宾的时候，我拿不定主意要不要来。因为开销是自己支付，所以我不知道它是不是值得我跑一趟。最后我认定，哪怕我只能在会议上帮助一个人，也是不虚此行，所以就订了机票。当时我万万没想到，我会帮到的那个人就是我自己!"

其实，他帮助了在场的每一个人。对我和其他许多人来说，这都是整个大会的最高峰时刻。当有人被疗愈时，被疗愈的绝不会是他一个人。

每一个灵魂都有自己独一无二的生命发展路径，其绝大部分是取决于他在沿途所犯的各种错误。只要你不作抵抗，过错将会以极高的速度教育你和推进你。

肯定并悦纳你的失败吧，亲爱的朋友，因为那样的话，你就会在人生的探险中悠然地进步!

# 小善不小

奇迹是永不失落的。它能够感动许多与你无缘相见的人，为远在天涯海角之人带来不可思议的转变。

《奇迹课程》，正文第六页

能够看见自己的行为所产生的效果，不是再美妙不过吗？能够看到自己的行为在世界上和周遭的人中间产生涟漪效应，不是不亦乐乎吗？不过，有时我们却对自己产生的效果感到懊恼。在其他很多时候，我们又会因为看见连最小的善行也能带来大益而深受感动。

举行人类统一会议期间，我主持了我生平第一场形而上的工作坊。因为会议有很多个工作坊在同时进行，所以我有点担心我的工作坊会乏人问津。

当教室开始坐满人的时候，我企图装出一副满不在乎的样子。这时，有一个年轻人走上前来，问我是不是可以跟我说几句话。他继而告诉我，三四天前，他和一群关心市政的市民一起到檀香山宫（市政府和县政府的所在地）拜会市长法西。

当时，市长与一群失聪人士刚要结束会面（他们来此是为了见证市长签署一份把五月定为“失聪者觉知月”的法令）。在场的所有失聪人士都显得心情激动。

那是非比寻常的一幕，看着失聪人士与市长的互动，年轻人入迷不已。只见译者周旋在两者之间，时而对市长说话，时而对失聪人士比手势，创造出水乳交融的气氛，让年轻人看得目眩神迷。一种优雅把所有人拥抱住，充满了整个办公室。

那年轻人以前从未目睹过这么高层次的连结感，因为在场所有人的心和灵都如此紧密地交织在一起。那美让他动容不已。他告诉我，自那之后，他几乎没有一天不回想起那一幅“一体性”的画面。在他人生所目睹过的所有人际接触中，那天的情景给了他最大的盼望。当他看着我和那牙医在讲台上的互动时，马上便认出我是那组人马的随行口译员。他感谢我扮演了他的老师。

那天的工作坊进行得很顺利，反响热烈，但却没有学员告诉我他们的人生因此得到了改变。回顾起来，会有这种结果，是因为当时我太在意自己的表现，未能把全部心思放在学员的需求上。如果那天我能像在市长办公室那样，只管尽一份心力而不是忙着扮演好老师的角色，说不定情形大不相同。

在我的人生里，我常常把自己的角色设定为“老师”、“帮助者”或“忠告提供者”，但因为我的动机错误，所以效果往往适得其反。若想要真正带给别人帮助，更好的方法是着眼小善和建立连结而不是企图纠正或改变身边的人。

你以你的每句话、每个行为教导着别人。不过，你真正能教导并传授出去的，并不见得是你以为你所教的。你最能打动人心的话语，并不总是那些从你嘴巴里说出的话语。

你是天人师，亲爱的朋友，而你最能让别人受益的教诲就是你亲身学会的功课。你的仁慈、同理心和慈悲心可以触动许多人，也可以教会你认识自己的美。

# 选 择

> 奇迹代表你已摆脱了恐惧的束缚。“救赎”具有“化解”之意。化解恐惧，乃是奇迹得以发挥救赎功效不可或缺的因素。
>
> 《奇迹课程》，正文第五页

即使已经跟我生活在了一起，恰克在美国本土还是有另一个女朋友。我们这种相处关系是他唯一能提供的，而我也只有接受的份儿。

有一天，在他要出发到温哥华讲课之前（他的另一个女朋友会在温哥华与他会合），他对我说了两句很不寻常的话。他说，如果我有什么方法可以让他选择我，他允许我这样做。

从过去的经验，我知道我内在有一种能力（其实每个人都有这种能力），可以让自己心想事成。这种能力想必是来自于我愿意对自己敞开，接受心之所欲。但我好奇自己现在是否有勇气去运用它。

我从未在我俩的关系中试图运用这种能力，因为我害怕左右别人的生活会带来恶业。但这一次，恰克是主动授权给我，让我做得到的话尽管去做。

恰克才搭机飞往加拿大没多久，他的死党泰里便来了夏威夷，在我家做客。他来得正是时候。对于恰克跟另一个女人在一起这件事，我正非常自怜，所以，有泰里在旁边，随时可以听我单方面的诉苦，这可是我抗拒不了的诱惑。于是，有一晚，当我们吃过晚餐，坐在后院池子旁边时，我说出了我与恰克相处的故事。

那是一则悲壮的故事，内容是关于我是如何的饱受煎熬又多么善良忍耐，是关于恰克多么魅力十足而又麻木不仁。他在黄昏中搭机离开，投入另一个女人的怀抱，为这忧伤的故事提供了最恰如其分和最戏剧化的高潮。

我说完后夜色已深。我只看得见泰里那排闪闪亮的牙齿。他微笑着，而我则静待着他的回应。泰里咯咯一笑，然后用他最可爱、最热情的声音说道："我只能说，我很希望你是为了恰克好而选择他。"

沉思片刻后，我认定泰里没听出我这番话的重点。泰里刚才必然没有听仔细。于是，我又花了半小时把同一则故事重说了一遍，这一次增加了更多调味料。我对我吃过的苦加入了更可怕的细节，当然也没漏掉强调我有多么善良忍耐。

再一次，当我把故事说完，等着他回应时，我在一片黑暗中唯一看见的只是他一排又大又闪亮又漂亮的牙齿。他仍然在咧嘴微笑。

他向前倾身，刻意把话说得更清楚明白："我只能说，我很希望你会为了恰克好而选择他。"说完便一吻我的脸颊，回屋就寝去了。

这是什么跟什么嘛！不过，且慢，我愿意思考一下。我发现自己大方得愿意正视泰里也许没有神智失常的可能性，并换一种不同的方式看待我目前的处境。所以，会不会，真的就像泰里所说的，整件事情的主导权完全操之在我，全系在我的选择上？

我扪心自问：我真的准备好得到恰克了吗？我真的愿意他只属于我一个人吗？我真的愿意他成为我的丈夫、我的终身伴侣吗？我真的愿意只跟恰克这个天底下最好的男人相守，不再向往别的丈夫、别的情人、别的身体、别的韵事了吗？

我意识到，泰里所说的是事实。主导权真的是操之在我。既然我想要什么都可以心想事成，那我为什么没有决心得到恰克，而且还对这样的决定充满莫名的恐惧？渐渐明晰的是，哪怕恰克是天底下最好的男人，哪怕我再想得到他，但我对做出承诺的恐惧梗在我和我想得到的东西之间。

我之所以一直跟这个不愿意定下来的男人在一起，是因为我自己害怕婚姻。我也是一样的不想定下来。另外，我的那位“情敌”也显然并不比我更愿意对恰克做出全面承诺。

我一直想透过改变恰克去改变我们之间关系的形态，可是，除非我“真真实实”并勇于正视我的恐惧，我将不会成功。只有承认这个事实，并且深深去感觉它，我才有可能了结它，并再次做出选择。

我只有不再害怕得到恰克才可能得到他。我想要的是什么？在很短时间内我就断定，我的确想要恰克。我想要他当我的伴侣、我的丈夫。我想要他多于想要回避我的恐惧。所以，我便选择了他！

这个选择在我面前打开了一扇通向巨大恐惧的门，这之前，我从不知道有这样的恐惧存在。我花了整整三天才穿过这恐惧。它执着、持续、光灿又有力。它蔚为壮观，令人屏息。我持续不断地穿越，直到最后踏进了自由。

恐惧过去了，我唯一的感觉是一种有了承诺而带来的极大安心感！因为，虽然我还没有把我的选择告诉恰克，却不知道他也选择了我。

当泰里开车载我到机场去接恰克时，我迫不及待要看到他。我太兴奋了！

结果恰克的航班提前抵达，我们到达时他已经到了接机口。看到我们从大堂向他走去，他脸上绽放出一个大大的笑容。然后，他展开双臂，不顾一切地奔向我（因为怕我陷得太深，这个男人以前可是从未对我流露过强烈的爱恋之情）。

所以，就在我选择了恰克那一刻，他也选择了我。这绝不是什么凑巧。我们在同年稍后结婚，泰里担任了伴郎。

当你发挥勇气去面对恐惧，喜乐和成功便会成为你的同伴。

当你与自己生命的中心发生接触，丰盛和赐福便会随之而来。

# 信 任

奇迹恢复了心灵本来的圆满。它赎清了你的匮乏感，且为你筑起一道完美的防护。灵性的力量使得外敌无隙侵入。

《奇迹课程》，正文第六页

在我们第一个小孩克里斯多福出生以前，我们的儿科医生提醒我们，为人父母必须做好心理准备。他说，从现在起，我们的生活再也不属于自己，而是受支配于一件更重要的事：孩子的人生。我们在世界面前将会变得前所未有的脆弱。

这医生的客户除了健康正常的小孩，还包括了夏威夷州最大群的儿童癌症患者。换言之，他是一名儿童癌症专家。

这些年来，他面对过数以百计小孩罹患癌症的家庭，而他从中学到最意味深长的一件事便是，所有父亲和母亲都是无条件爱着自己的孩子。他说，不管小孩的病情如何，不论做父母的个性是温和还是严厉（甚至是压抑或冷漠），一旦孩子被诊断出罹患癌症，都会宁愿以身替代。没有一个父母不愿意代替小孩受罪或死掉。

凡是为人父母者都会知道这话有多真。一个人不可能生下儿女却不爱他，不去关心她。不管看起来有多少相反的事例，这都是不争的事实。需要拥有大智慧，我们才会了解我们的父母总是深深爱着我们。

在克里斯多福五周岁大的时候，因为疝气而需要动手术。手术本身不是特别复杂或危险，但他还这么小却要接受全身麻醉，这使得手术风险大大增加。我和恰克两人都感到手术非常危险，满怀恐惧。我们害怕会失去克里斯多福，但疝气让他那么难受，我们知道除了接受手术外别无选择。

手术前一天，恐惧与我俩如影随形。那是忙碌的一天，因为我必须接待从几千公里之外前来参加克里斯多福受洗礼的亲戚，所以我和恰克大部分时间都不在一起。就克里斯多福的情况进行过一番深思之后，我得到了一个结论：唯一可以让我感到安全的方法，也唯一可以让克里斯多福安全的方法，就是停止我跟我的恐惧的战斗。

我意识到，是我自己的恐惧把危险招引到当前的情境中。为了让这个情境得到疗愈，我必须先疗愈自己的恐惧。我学到过，一个疗愈恐惧的好方法就是臣服，充分感受它，容许它宣泄出来，然后把它放开。这样做的目的不是要陷入恐慌，而是要感受恐惧，让它得以完成。

我把我的恐惧咀嚼了一整天，到了傍晚，我已经能够把自己那颗为克里斯多福悬着的心放下。我坦然接受一种可能：我和克里斯多福的母子情缘也许只能维持五个星期。

当这件事完成后，一种巨大的改变便降临到我身上。我对手术的抗拒心理消失了，取而代之的是充满信心和安全感。

我知道手术一定会顺利，结果一定会圆满。没什么好忧虑的，这个经验只会带来好结果。

当那个晚上我终于看到恰克时，他脸上带着和我一样的表情。他在忙碌的一天中也经历了同样的转化过程，享受到同一种放松。第二天的手术顺利完成。克里斯多福的受洗礼成为一个欢乐洋溢的庆典。

每当你觉得恐惧时，亲爱的朋友，你应该记住，那表示转化的过程业已展开。没有任何发生在你身上的事是偶然的。它们每一个都是成长的契机，是在以某种方式支持你完成更高的人生目的。

# 孩 子

奇迹是爱的自然流露。真正的奇迹在于能激发奇迹的爱。为此之故，凡是出于爱的就是奇迹。

《奇迹课程》，正文第三页

在个人成长的过程中，虽然我学过很多技术，参加过许多课程和训练，但我相信，让我成长最快并最终使我迈向成熟的，却是为人母的经验。它对我的影响远在任何事情之上。

当母亲这回事带给我猝不及防的觉醒和极大的震撼。我一向稳稳占据着自己世界的中心，要我拱手把这中心让给一个婴儿占领，对我真是件很艰巨的事。

生儿育女不仅促使我成长，我的两个孩子也很具体地教会我如何做好生命的功课。例如，克里斯多福便逼着我每天的每时每刻都得练习同理心的连结。

他是个浅眠的婴儿，不容易睡着。即便他在你的怀里睡着，但一把他放在床上，便又会醒来。有一段时间，他一天需要人抱着 12 小时才行（每当这种时候我都会体会到单亲妈妈有多辛苦）。

但我慢慢发现，如果我有意识地带着觉知进入克里斯多福的心里，他便比较容易睡着。如果我和他连接在一起，我便可以把他放下，离开房间，这时，虽然我俩切断了身体的接触，他照样不会醒来。

他所需要的只是母子心连心所产生的足够安全感，有了这个他就可以放松入睡。我们是那么紧密地连成一体，以至于每当我们一起入睡，他醒来时我也会跟着醒来。

克里斯多福从新兵训练营毕业后，我懂得了联系是怎样建立的。由于我们大部分人的妈妈都没能为我们提供“连结”（因为她们自己的妈妈也没有跟她们建立连结），所以我们大部分人都不具有那种体验高层次情绪（如爱与至乐）所必需的“管道”。

我发现，这种“接通管道”或建立联系的工作在个案咨询和工作坊的环境下很容易完成。因为接受咨询或参加工作坊的人对此都存有极大的渴求。事实上，那也是所有人出娘胎以后便一直等待的。

克里斯多福帮助我发展出远距离与别人结合的能力。即便是身在地球另一边的人，我一样可以感受到他的心，感受他们的感情，而且容易得就像他坐在我面前，容易得就像他们是我的小宝宝，就睡在隔壁房间里。

每当想起谁或听别人提到谁，我似乎都可以感觉到他们的心。这是很棒的事，因为只要我能跟谁连接，就能把爱传递给他们。这种能力是我女儿洁美教给我的。

我这一生中被许多人爱过，但直到34岁，我才第一次感受到有爱从另一个人的身体里流入我的体内。这事情发生在我给洁美喂奶之时，她当时大概六个月大。

那天下午，喂她母乳时，我看着她的眼睛，忽然感到有一股爱的潮水从她身上涌出，流入我的身体。那是一种最甜美、最温暖、最强有力的珍贵感受，是我从未从其他人身上感受过的。我尽情地在其中浸润了好几分钟。

在领受她的爱的同时，我开始明白这种经验并非不寻常。它是人天生就有的能力，是母子之间自然而然会发生的。

我也意识到，这种爱理应存在于人类关系之中：这种机会在我认识的每一个人身上等待着我，而且大概这就是我们诞生在人世的目的。爱不是一种观念或价值，而是一种我们的心能具体触及的经验。但我也知道，许多人在他们目前的状态下是无法感受到爱的：既无法给予，也无法领受。

当我坐在那里继续给洁美喂奶时，我开始好奇自己是不是可以感受到任何人对我的爱。我决定要试一试。这时，一个名字跃入我的心头：耶稣。我会最先想到这名字，大概是因为他就是以爱的教诲闻名于世。“何妨一试?”我心想。

凭着直觉，我把自己调到与耶稣“同频”，然后敞开自己，等着领受。霎时间，我便感受到丰盈、充满喜乐和切身的爱把我整个人充满。当时我唯一的念头就是：“喔，好厉害的家伙!”

这些经验促使我去摸索如何才能更经常和尽可能多地感受到爱。我想把这爱分享给那些没有能力感受爱之乐的人，促使他们对爱觉醒。我想引领其他人知道，爱是够得着的，是真真切切的，是有实体的，其价值大得难以言表。

去信任爱吧，亲爱的朋友。勇敢去爱吧。相信它的力量，并把它呈献给全世界的人。把你的每时每刻奉献于爱的寻求。

深深地去爱吧，大胆无畏的爱，一心一意地爱，因为爱就是你之所是。

# 只看见美的

奇迹是宽恕的自然结果。奇迹表示你领受了上主的宽恕，因为你已将宽恕推恩于人。

《奇迹课程》，正文第四页

当我看见别人身上有什么我论断为不好的特点时，我知道自己是不自觉地与该特点在战斗。我是悄悄而羞愧地相信，我也是那样的人。

当我从别人身上取走我那负面的投射，并进而在我里面搜寻同一特点时，我会允许它进入我的觉知，而我也会开始感觉它。很快，它的临在便会开始浮现和倾出，让我忆起自己曾经有许多次表现出同一特点（即我的行为就像那个被我评断的人）。不多久，那情绪便会得到释放，让我可以从中摆脱出来，变得更为健康和更为聪明。下面我会举个例子，说明我是怎样透过观照自己的内在世界，疗愈我外在世界的扰攘和纷乱。

好几年前，当恰克出差在外的时候，一位大学时代的老朋友来到夏威夷找我叙旧。虽然我对他有很深的感情，但又知道自己怕见到他。我对他所抱持的一些强烈的宗教观点并不苟同，而我们八年前最后一次见面也是因为话不投机，不欢而散。

我不想跟他吵架，但也不想在他面前隐藏真正的自己。我害怕被他批评，被他骂为罪人，讨厌他说我死后一定会下地狱。

他来访的那天，我们一起吃了晚餐，气氛还算愉快。不过，一等两个小孩都上了床，我们转入严肃话题之后，情形就开始改变。不出几分钟，我们又杠上了。我认为自己只是在尽力调和两个信仰体系之间的差距，但经过几个小时的争论后，我终于明白，我其实是在进行一场要决定谁对谁错的争斗。

当我意识到自己的行为后，我为自己的好斗和缺乏向他贴近的意愿而向他道歉。我告诉他，我为自己未能设身处地站在他的立场思考而觉得失败和失望。我告诉他，我其实是在处理一些旧伤痛，它们更多是关于我的过去而不是我的现在，至于是哪些旧伤痛则尚未了然。我又告诉他我有多想改变他，并为此道歉。于是，我们的关系恢复了友好，不过有些结仍然没有被解开。

他离开之后，我开始处理这经验。我首先要处理的是我的各种实时情绪。当我把它们一股脑儿释放出来之后，发现它们全都是我在青春期和大学阶段有过的情绪：寂寞、孤单、害怕不从众、怕被议论和拒绝、强烈想要讨好别人。

我停留在这些感觉里，一直到它们消耗干净为止。我所获得的回报是一种美好的个人力量感。我以前就有过这种力量感，但后来为了不让我那笃信基本教义派的父母担心而放弃掉了。

我做的第二件事情是检视自己把什么投射到了我朋友身上。我一直认定他土气、狭隘、缺乏弹性、害怕改变、教条化、爱论断别人、武断、好辩和缺乏自知之明。

要我承认这些全是我自己的特质还真是一帖够苦的药。不过，当我把眼罩摘掉之后，便发现自己很大程度上真的就是我所指控的那种人！我回忆起自己有多少次是以那样的态度与别的朋友争辩，那是一幅很让我难为情的画面，但我还是尽力去感受这种难为情的感觉。

我努力从这一经验中学习并采取的态度是，我把自己摆在我看待他的同一层面。我运用了一个从恰克那里学来的观念：不管我看到朋友对我做了什么，那都必然是我曾经对他做过的。这又是另一帖难以下咽的苦药。我看见我朋友议论我，看见他指责我中邪、错误、有罪和危险。所以，运用先前的心理学等式来看，我也一定是用过他论断我的方式来论断他的为人与信仰。

当我向内观照，我惊讶地发现，我果然也是对他所代表的信仰充满了论断与不屑。为了让疗愈过程展开，我任由自己感受我那自以为是的愤怒、我的鄙夷、我的憎恶、我的势力。面对这一切是极不愉快的经验。

我从恰克那里学到的另外一个观念是，不管我看到朋友对我做了什么，那都必然是我曾经对自己做过的。现在，往内观照，我发现了同一种冲突。原来，我内心的不同部分其实是秉持着不同的信仰的，而我竟然一直都没察觉这冲突的存在。体认到这个之后，我可以感受到我的恐惧和懊悔正在被释放。

这一切改变了我对自己的认知，也改变了我对我朋友的感觉。第二天，当我再看到他的时候，他显得非常不同。对他这个人和他所说所做的事，我已不再有任何反感。这一点都不难，因为他已完全不再是我先前认定的那个“坏蛋”。昨晚，透过挖出我深埋着的情绪，我已宽恕了那个对他认知不明的自己。

如今，我看到的只有他的美。我可以如实地看到他是多么可爱的一个人。我看见了他的天真烂漫。

不错，我是被迫面对了一些让人震撼的洞察也经验了一些很不舒服的情绪，但由此所获得的回报却让我的勇气值回票价。我获得了个人力量和自我认识。在发生争辩的场合，我变得更加随和，变得没那么封闭、狭隘、爱指责和高高在上。我的心灵变得有弹性，我和自己更能自在相处，也变得更加自觉和成熟。

该为你所见、所信和所感负责任的人是你自己，不是你攻击的那个人。

是的，亲爱的朋友，你在抗拒一些感觉。这是人之常情，每个人都有自己偏好的防卫手段。被要求去感受自己的感觉时，有些人会生气，有些人会昏昏欲睡，有些人会“遁入知性思辨”，有些人会觉得被切断，有些人会心不在焉……

不要评断你的防卫手段。该做的是承认它们的存在，体验它们，任由它们被释放到你的觉知里。

不过，请千万不要追随它们走出你的心。留在你的心里感觉它们，并将它们燃烧殆尽。然后，当某一种情绪在心之火炉里烧尽之后，好好去感觉下一种要求你去疗愈的是什么情绪。

当你发现自己在心里攻击别人，想着你有多对而他们有多错时，请停止你的攻击，去感觉它掩盖着的痛苦。这样，你就可以疗愈自己，并疗愈那个你恨着的人。

你渴望的是天国的平安，亲爱的朋友。若想得着他，你必须愿意完全放弃攻击。

# 胆 怯

> 奇迹能将人心结合于上主内。这有赖于你们的同心协力，因圣子圣体乃是上主整个造化的总和。为此，奇迹所反映的乃是永恒之律，而非时间律。
>
> 《奇迹课程》，正文第四页

我们有个叫萨宾娜的好朋友住在加州，是个心理治疗师。几年前，我们到旧金山湾区探望她时，在海边租了一间度假屋小住。

第一个晚上，我和萨宾娜促膝长谈到深夜。萨宾娜刚结束一段历时五年的关系。我主动表示愿意帮助她把悲伤的过程完成，方法是透过我的心与她的心结合，以帮助她感受到自己的悲苦，让这悲苦释放出来。

她接受了我的好意，而我们的处理过程也进行得极为成功。事后，出于她的专业背景，她对我的方法产生了好奇心。我尽己所能解释我做了些什么。

我告诉她，我的目的是尽可能地贴近她，把我的心和灵移到她的心和灵里面。光是这种心的结合就可产生疗愈效果。

当我们就这种疗法的理论含义交换意见时，不约而同地想到一个问题：若是我们两人都试着把自己的心和灵移向对方（但不发生身体接触），试图达到最深邃和最强力的亲密关系的话，会有什么后果？

我们决定试一试。于是，她开始进入我的心，我也开始进入她的心。

然后，一件神奇的事发生了。我们先是感到一阵兴奋，接着是一种近乎恐惧的感觉。

我们甚至开始晕眩。我们的心灵开始像陀螺那样旋转，但继续朝着对方的心灵迈进。

最后，就在我们两颗心发生实际接触的那一刻（再一次强调，这不是一种身体接触），那触感就像是一场爆炸。我们眼前一片夺目光芒，感觉就像是达到了高潮一般。

但这体验只维持了一刹那，然后我们就脱离了。那是一种完全铺天盖地的经验：无比的神奇，神圣得匪夷所思，但因为强度太大而只能维持一刹那。我们两个人都因为挺不住而被它弹了开来。

“哇……让我们再来一次吧！”我们异口同声地说。

然而，不管怎么试，我们就是无法复制原来的经验，甚至连“逼近”也做不到了。看来，那经验真是美好得太吓人了，让我们不敢再把它重演一遍。

接下来的几天我们一试再试，但都徒劳无功。对于我们竟是那么“胆怯于”经验大爱、大喜乐和大亲密，我们为之惊讶不已。

“神圣”的力量独立于时间和空间之外，存在于当下时刻的神圣中心里。哪怕只是凑近它，真理都将变成实相，让你的灵魂确定无疑地知道，天堂是真的。

# 东京夫妻

奇迹既是开始，也是终结，因此它能够调整世界的时间律。奇迹始终在为重生的可能性做准备；重生貌似回归，其实它是向前。它能在“现在”化解“过去”的一切，因而也解放了“未来”。

《奇迹课程》，正文第四页

自从主持研习会和进行咨询工作，我得到了以下一个观察：大部分人都不太懂得如何悲伤。也许我的话听起来很怪，但我真的认为，人往往需要经过学习或模仿，才会获得悲伤的能力。

还在扶助中心工作的时候，我拜访过一个由一些儿女死于癌症的夫妻组成的支持团体。为首的是一个妇人，她女儿在八年前死于癌症。

她告诉我，她的生活大部分时候都不能正常运作，因为总是有些什么会引起她的悲伤，而她总会因此完全崩溃。更让她生气的是，她四周的人都不明白她何以至今还不能对女儿的死释怀。

该团体有好些成员也有同样情形。没人能想象那使他们失能的悲伤会有终结的一天。他们相信，这种悲伤将会终其一生跟随他们，让他们无法快乐起来。

近年来，我多次受邀进入一些有丧子之痛的父母的心坎里。用同理心与他们结合进行治疗时，那经验总是无比鲜明，张力大得几乎超过我意识所能承受的程度。另一方面，这些经验又弥足珍贵和深具启发性。

只要你知道方法，只要你获得适当的支持，即便最不堪的情绪经验一样是可以被驾驭和处理的。有关这一点，我在1988年的东京学到了不少。当时，恰克在东京带领一场研习会，在座的一位男学员的七岁儿子罹患癌症，将不久于人世。

研习会进行到一半，那学员便接到儿子病危的消息，赶往医院。他小孩在当天晚上过世，死时双亲陪伴在身旁。第二天，那位父亲来了研习会一下，感谢恰克和所有学员曾给予他的支持。

大概两个月之后，当我们又回到东京举办演讲时，那位男士带着妻子来参加，全程都手牵着手。到了中场的20分钟休息时间，当学员纷纷走向不同的出口时，我和那对夫妻同时站了起来，就像受到磁石吸引般走向彼此。我们不懂对方的语言，旁边也没有翻译员，但这个时候用不着语言。

我们在演讲厅的中央坐下。他们看着我，向我敞开自己。他们的心完全臣服下来。我放开我的意识，让这意识进到他们里面去。

等三个人的心一接通，我们随即掉入了一条由他们儿子之死所形成的隧道里，像自由落体般进行了一场情绪穿越之旅，全程都手紧握着手。我们不断下坠、下坠……穿过痛苦而下坠，毫不抗拒。这过程折腾得难以想象，我差点没昏过去。

最后，隧道的尽头在望了……我们很快就穿了出去！外头一片璀璨，充满着生命、释怀和爱的光辉。我们看着彼此，笑了起来，互相拥抱，又喜极而泣。萦绕他们内心的悲苦消散了，而前后不过几分钟的事。往后，丧子之痛的其他方面势必还会在不同时刻冒出来，但他们至少已学会，那些感情一样是可以被感觉和被释放出来的。

他们携手踏上了一趟强有力的灵性之旅，途中将会得到净化、强化和成长。没有任何其他学习途径会比这更有挑战，但他们将会在亲密和成熟中一起成长，并发现人间天堂的入口。

如果你能感受到爱的临在的支持，那么没有任何痛苦会强烈到让你无法感觉。爱是更大的实相，每当你愿意邀请它，它就会发挥凌驾一切的力量。

# 心 碎

亲爱的朋友，若是你坦然接受发生的一切并将之消化，那么不管遇到什么都将无关痛痒。你可以只管活在当下，完成你所创造的情绪，让每一刹那都是崭新的，让你的未来不再只是旧痛的复制品。

大部分人到成年时，内在都已满布无数心碎。我们的伤心事有些很容易记起，其余则部分或全部滑入到潜意识心灵的暗角，隐藏起来。这些被遗忘了的创伤、痛苦和失落看似不重要，实则会持续对我们产生影响。它们会决定我们怎样看世界，会影响我们的决定，会控制我们的关系，会让我们畏缩和不快乐，卡在固定模式里无法脱身。

我们其实无须把伤心事埋在心底。假如我们在产生这些情绪的同时就能充分感觉它们，那它们就能流经我们而不造成任何伤害。经过这个过程之后，我们会变得更强壮和更有智慧。这就是我们的构造方式，大概也就是我们诞生在人世的目的。

这一点，我曾在儿子克里斯多福年满三周岁前后见证过，他当时经历了人生中最早期的一个创伤。话说，他很喜欢我的一个朋友，一直把她当成女朋友看待。每逢这位阿姨来访，他都会牵着她的手，拉她到自己房间玩游戏。她是他眼中的西施，他的阳光，他的女友。

然后有一晚，我们应邀到这位朋友家参加晚餐派对。当她觉得大家应该入席时，小孩子还在兴奋地跑来跑去。当我儿子拿着一件抢来的玩具从她身边跑过时，她把他叫住，夺去他手上的玩具，吩咐他坐到儿童桌上去。我这位朋友因为需要为一大群人准备晚餐和努力把派对办得成功而饱受压力，所以全部心思都放在自己的处境中，没放在克里斯多福身上。

从厅间的另一头，我可以看到克里斯多福整张脸都垮了下来。他的心上人竟然把他当成一般小孩！但他从不会以那么冷淡的方式待她，从不会不顾及她的感受。这一体会让他明白，她并不爱他。原来他只是一厢情愿，对方对他并没有那样的心意。

这领会带给他极大的震撼和痛苦，他尖声大叫，接着便发疯地四处找我。他惊恐地向我跑来，情绪激动得无法说话。我把我的心迎向他的心，感受到一种尖锐而清晰的痛苦，就像他的心刚被屠刀剖开一样。他憋着剧痛，紧紧搂住我，于是我把他抱进了隔壁房间。

整件事情看似微不足道，我却感受到了它的杀伤力。我唯一能做就是抱紧克里斯多福，跟他一起感受，并说："我了解，我了解。"几分钟之后，他的痛苦便已烧得差不多，可以开口说话了。

"妈咪，她不对！"他喘着气说，"应该罚她关禁闭。"然后他想象她被罚在自己房间里关禁闭的样子。“她准会哭。”他说，语气里带着点得意。不多久，他便开朗起来，纯真和开放又回到脸上。“但我会去救她的！”他大声说，说完就从我大腿上跳下来，跑去找其他小孩玩。心碎时刻结束了。

这个过程的美让我看得目瞪口呆。仅仅靠着让一个情绪经验自然完成，我儿子不只得以幸免于一次心碎之痛，还从宽恕一个犯错误朋友的经验中受益匪浅。从这经验里，他得到了一个更美好的自我形象，也初次品尝到会出现在每个心碎时刻最后的爱的滋味。

# 成 熟

当你学会承认并敬重你的情绪自我，学会只做你真正想做的事，你将会生平第一次变成对周遭的人而言十分安全且不具危险性的人。

能够不以自我为中心或自怜地感受自己的情绪，能够不被情绪牵着鼻子走或把它发泄在周遭的人身上，乃是情绪发展和成熟的一个表征。

我们成年人总是专注于发展我们的知性自我或灵性自我，很少会注意我们的情绪自我。这是因为我们一直认为表达情绪是不对的，而且，透过攻击别人来表达自己的情绪只会让我们陷入麻烦。

学习在有情绪的时候控制自己的行为是人格发展的重要一课，但我们也会为此付出重大的代价。为了更容易控制自己的行为，我们学会了压抑情绪，让我们感受不到它们的存在。然而，情绪的堵塞却会带来解离，造成情绪、心理和生理上的健康问题。

有一次，在一场研习会里，一位华裔女性告诉我她患有严重的慢性背痛，向我请教原因何在。她承认自己没有能力感觉情绪，而她相信这是由她所受到的教育方式造成的：自小父母教导她，情绪上来时不要说出来，要保持若无其事。

通过进一步回忆，她记起了自己 11 岁时与母亲的一场争吵。她母亲在盛怒之下扯掉她的衣服，揍了她一顿，又把她赶出家门。她赤裸着身体在附近躲了几个小时之久。

说完之后，她哭倒在我怀里。被我抱着的女人其实并不是一个 30 岁的大人，而是一个挨揍和羞愧的小女孩，她只感觉自己的世界已经崩塌。

最后，她终于能够冲破自己的情绪障碍。她在爱的临在中重建起自己，任由这爱抚慰她、呵护她，也在爱的支持中从那个心灵破碎的小孩出落为一个情绪成熟的大人。

身为一种情绪动物，我们最大的挑战便是既需要学习控制自己的行为，也需要学习充分感受自己的感觉。只有两者都做到了才叫成熟。

如果还是小孩，我们大概做不到这一点。但既然我们已经是成熟的大人了，我们便应该信任自己，努力去感觉一切情绪而不沉溺在这些情绪中或去伤害周遭的人。

一旦恢复了这种感觉能力，我们就能学会对自己宽厚，不作无谓的自我牺牲。要知道，当我们为了宽厚而牺牲自己，也就是在善待别人的情绪自我，当我们否认自己的需要和感觉时，我们的行为仍然是一种不宽厚。

我们一直以为，愈是对自己不宽厚我们便愈趋成熟。殊不知，这种“苛待”自己、否决自我的行为并不是成熟，仅仅只是缺乏觉知和责任感的表现。

自我牺牲和自我否决常常被人视为美德，但实际上，这样做只会让对方产生愧疚感和怨恨心。由于人人原是一体，所以对一个人适用的真理也适用于所有人。

# 就寝时间

亲爱的朋友，每当你想起了谁，每当你与谁在一起，你都可以将你敞开的心赠予对方作为礼物。每当你带着敞开、延伸的心想起某个人，哪怕只有片刻时间，对方都会繁荣茁壮。他们会如花绽放，他们会被提升起来。他们会感到被爱，会知道自己多有价值。

就像照顾一个花园那样，你是可以用爱和关心滋养别人的，哪怕对方是你害怕（却需要帮助）的人——而方法不外是把他们放在心上。

我最大的乐趣之一是与一对儿女分享爱。看着他们慢慢长大，认识了什么叫爱，懂得与爱游戏、要求爱、付出爱，真的很美好。其中，最大的美事也许就是看着他们为彼此付出爱。

几年前的一个晚上，在就寝前的爱意交流时刻，我问两个孩子，他们认为爱像什么。我三岁大的女儿用纯真如天使般的婴儿的声音笑着说：“像漂亮的芭比娃娃、小马、彩虹和心！”

我五岁大的儿子却说：“爱就像爱。但妈妈的爱像妈妈的爱，爸爸的爱像爸爸的爱。”

我常常看到两个孩子主动安慰别人。每当他们断定某个人身体或情绪上有不舒服，诊断出对方需要爱的时候，他们便会把手按在那人身上，向他们传达关爱。我看到过他们对一些从未见过或好久不见的亲戚，或是仅有一面之缘的人，也能毫不吝惜地倾注爱和柔情。而每当他们有他们所谓的“不好的感觉”冒上来时，他们都懂得如何经验它，也会请求大人从旁协助，让他们把那感觉体验完整。

看见他们的情绪老练得让我惊讶不已。就连他们还很小的时候，便已经懂得以具象的方式形容自己的情绪：“我感觉我在害怕我里面的一条龙”，或是“我感到有一只怪兽在我里面”。

在教育孩子的事情上，我每天做错的事大概不少于做对的事。幸而，让我安慰的是，每当我犯了错（例如对他们大声咆哮或变得易怒小气），我们母子总是能够一道化解损害，并在过程中一起成长。

我还记得，在他们分别三岁和五岁大的时候，有一晚我因为心情极差而对他们大发雷霆。当时恰克出差在外，我得照顾两个孩子一整天，还要料理家务、处理公事和设法抽时间写这本书。当我的怒气结束后，懊悔之情随即涌上心头。我为我的行为向两个孩子道歉，请求他们原谅。他们两人的反应是微笑和抱抱我。克里斯多福解释说：“你生我们的气没关系，妈咪，因为我们知道你好爱我们！”

看到两个孩子有时会以比我还宽厚和成熟的方式处理一个情绪处境，让我不由得难为情。但不管怎样，我都深信，我们的关系不管碰到任何损害，这损害都不会大到无法透过宽恕、爱和亲密来修复的地步。

# 爱是你需要的一切

> 奇迹向你致敬，因为你是可敬可畏的。它驱除了你的自我幻觉，认出你内在的光明。它就如此为你赎清了过错，将你从噩梦中解脱。你的心灵一旦挣脱了幻觉的枷锁，你便恢复到神志清明之境。
>
> 《奇迹课程》，正文第六页

两年前，一位朋友向我诉苦，说她儿子已经让她无计可施。他是个十岁大的好动儿，在学校里不断制造麻烦。雪上加霜的是，他爸爸被调派到中东去工作（工作内容与“沙漠风暴行动”和海军陆战队有关）。父亲离开不到几星期，他在学校里的失控便变本加厉到了让老师抓狂的程度。我朋友备受经济和情绪的双重压力，感觉自己已经到了山穷水尽的地步。

学校老师和咨询师建议的行为矫治方法都丝毫减轻不了问题的严重性。药物治疗和饮食疗法也一样毫无帮助。

我建议她不妨试试我的方法——每次我两个孩子表现出让我困扰的行为，我使用这方法总是奏效。我告诉她，她更应该把着力点放在儿子的需要上，不要只对表面症候使力，方法是提供给他更多的爱和身体接触。

在我自己孩子身上，我总看到亲子的联系感与他们行为之间有着直接的对应关系。只要他们对父母之爱和身体接触的基本需要获得满足，他们就会显得更加快乐，也更好相处。我建议我朋友当天晚上就开始行动（那一天是星期五）：一起看电视的时候抱着他，一起外出时摸摸他或牵着他的手。她应该专注于用自己的心去守护儿子的心。总之是要爱他、滋养他和呵护他。

她照我的方法去做，赫然发现效果又快又斐然。虽然没有特别干什么，但母子两人却度过了一个最愉快的周末。到了周日，一个朋友有事找她谈，他儿子居然愿意一个人自己消磨时间，一个半小时都没有打扰她。换成是以前，只要是在家里，他每隔十分钟（甚至更短）就会烦他妈妈一次。

最大的惊奇来自于学校老师星期一下午打来的一通电话。那老师激动地问我朋友，她是不是给儿子换了不同的药物，我朋友说没有。然后，那老师又问她是不是对儿子做了什么特别的事。我朋友问他为什么这样问。原来，一整天上课下来，她儿子都又快乐又安静，一点都没有不当的行为。挂电话前，老师给了我朋友一句赠言："不管你用了什么方法，继续用下去吧！"

在任何不宽厚、不快乐和恶意行为的底下，总藏着对爱的渴求。当你面对攻击时，需要有大智慧才能记得住这一点。但不管如何，爱都是最了不起的疗愈师。

# 最大的实相

奇迹原是最自然不过的事。当它匿迹不现时，表示你的生活出了问题。

《奇迹课程》，正文第三页

十年前，我蒙了莫大的福，平生第一次从一双无比清澈的眼睛里经验到神。那是一双小婴儿的眼睛——我教子库帕的眼睛。

他妈妈佩姬（我的死党）生他的时候，我在旁边帮忙。待他生出来，被喜悦的父母抱过之后，便换我抱。

这小东西机灵地望着我，望进我里面，穿过我。当我回望他时，不禁大吃了一惊：他眼睛里面就像是没有人住着似的。

往这双眼睛深处看去，我看见了永恒，看见一些遥远的星星闪烁着，对我歌唱。他的眼神既完全空洞又深不可测。从对他的凝视中，你看不到过去，也看不到痛苦交织的人格。只有令人屏息的遍在的神性常驻其中。他向我显示出，当一个人完全活在当下而不是拼命把自己的旧痛投射到世界上去时，这个人会是什么样子。

每当我与别人进入亲密的连结，每当神圣的爱在我们彼此的心里开出路径时，对方的眼睛就会向我显示出他们当前的经验。一般来说，他们当前的经验就是他们过去的经验，即一些未经感觉的旧有情绪，或者是因旧有的失望、悲苦与创伤所产生的解离。

只要想，我甚至可以读出他们人生故事的大纲，感觉到一件件事默默地从他们的双眼中流泻出来，期待着别人了解和分享。只要有亲密连结带来的安全感同在，人们就会放下心防，愿意冒险去跟自己当下的心连通。只有在当下时刻，只有在“永恒的现在”，过去才可以被释放出来，带来疗愈的发生。然后，当爱把工作完成，当一个人经验过爱的恩典和抚慰，他们才可能透过双眼，真正看到外面的世界，看到爱是世界里最大的实相。

我们的注意力就像计算机的光标，凡是它移动到我们“注意力屏幕”的哪里，我们就有力量在哪里行动和创造。通常，我们的注意力都放在自己身上：放在自己的需要和欲望，放在自己的伤痛、麻烦与冲突，放在自己的瘾头和满足物上。但只要我们的注意力一日不离开自己，我们就会始终被分离和自我意识所困住，让美无法显现自身。所以，生命中最重要的功课便是学会控制我们的注意力光标。

亲爱的朋友，只要你把注意力集中在某个人身上的时间够久，他们就会自我显现，成为供你通向爱和喜乐这些更大真相的桥梁。

# 上帝之眼

> 奇迹应该激起人的感恩之情，而非敬畏之心。你应为自己本来的真相而感谢上主。上主儿女何其神圣，奇迹等于向他们致敬；他们的神圣性只可能一时隐而不现，不可能永远失落。
>
> 《奇迹课程》，正文第五页

几年前的夏天，在法国比利牛斯山与恰克一道主持研习会时，我获得了一个深刻的天启。研习会在一个风景非常漂亮的地点举行，山坡上遍布野花，蝴蝶到处飞舞。每逢有山羊从我们的山林木屋前面走过，我的两个小孩都会眉飞色舞。

从一开始，一个参加工作坊的青年就引起了我的注意。他会吸引我的目光，是因为他看起来非常别扭和压抑。我想他一定是那种典型的“木头人”，换言之是知性过度发达，对工作坊的内容存在极大抗拒心理的那类人。

在休息时间，我排队要用开水泡茶，他就排在我前面。待他把杯子装满开水，转过身看见我就在他后面的时候，他吓了一大跳，把热烫的开水洒了一身。

这反应深具象征意味，充分显示出他处于何种情绪状态（水是情绪的下意识象征），而我猜，他害怕的是我会把他的这种情绪翻到表面上来。这让我对他产生了特别浓厚的兴趣。我觉得，他刚才的反应是一种沟通，是在向我发出一个特殊讯号。

当天稍晚，他站起来，在研习会上发了第一次言。他说，自己最渴望的是能够直接经验神，由此知道神是真实的。我内心深处感觉得到，他这话是对我说的，另外我又不知怎么知道我可以满足他的需要。

接下来，工作坊改为由我丈夫带之后，我在那个小伙子身边坐下，望着他，试着把他找出来。但我却感觉不到他是住在自己身体里面。我无法从他眼睛里看到他的存在。那里面只有距离、死寂和分裂。我在一片空无中摸索，决心要把他给找到。过了一会儿，我虽然知道自己取得了一些进展，却不知道有多少，也不知道自己在他那巨大的洞窟中游了多远。

再过了一些时间之后，我终于明白，我之所以还没有去到他的隐身处把他找到，是因为我还没有把自己的隐身处疗愈了。我也感觉不到神，就像他一样，我感到自己与神的临在相距甚远。这时我恍然明白，我若是想要送给这年轻人他最想得到的礼物，就得先把那礼物送给我自己。

于是，我把我的觉知转向自己内里，使其在我内在的灵魂里燃烧，找出那个受孤单和分离感之苦的部分。当我感觉到它之后，我开始感觉那年轻人是我朋友。他成了我的学习伙伴，成了我的疗愈伙伴。我们平起平坐，不分伯仲。

然后，当我猛地契入他一团混乱的内心世界时，终于感觉到某种实质，经验到某种互动。凭着直觉，我知道只要凝视他的双眼够久，便可以在里面看到神。我将会看到我们两人都期盼看到的东西。

又过了良久之后，在一种美得令人心醉的纯净和恩典中，我感觉到那人觉醒了过来，开始从眼睛里面向外张望。他的眼神充满觉醒的大惊奇。接着，我看见他用充满赞赏和感谢的眼神望向我，这眼神又深又美，足以改变我的生命。

当我继续凝视他的眼睛时，另一个戏剧性变化发生了。我发现，从他眼睛里向外张望那个人——竟是神！我意识到，神这眼神是我几年前从那道粉红和金黄两色的巨大爱之光里看见过的。这眼神里包含着爱、笑意和无边智慧。

这爱向我投射，涌入我的体内，满足了我最深的饥渴。我的意识因此扬升。那个年轻人的脸此时变得非常漂亮，他笑着、欢庆着，胸中迸发的喜乐让他忍不住一把把我抱住。我环顾四周，看见整个教室的人都在看着我们，分享发生在我们身上的奇妙经验。

环顾四周，我发现自己只要再用心一点，便可以在每双眼睛里看见神。神从我望向的每一双眼睛望向我！我被提升到了一个超尘拔俗的境界。我甚至发现，就连教室的墙壁也带着神的慈爱望向我。这是一种张力十足的对望。这经验冲刷着我的心与灵，泪水从我眼睛里源源流出。

这时，一个妇人走到我面前，脸上焕发着光彩。她显然也是想把她的爱作为礼物送给我。我望向她的眼睛，想要看看里面的神。

她满怀期待地回视我。我不断寻找，不断寻找，但就是看不见神。我心想："啊，糟糕，别说你在她眼中看不到爱！"

我不知道是哪里出了差错。为了对照，我便望向另一双眼睛。从那双眼睛，我看得见神，他向我闪耀着、微笑着、大笑着。这经验充满了我，而我也因为爱的张力而喜极而泣。

第二天早上的课程先是由恰克主讲。他和我都坐在教室的最前面，而当他正在说着些什么的时候，我发现自己的目光落在坐我正前方的人，刚巧就是昨天那个妇人！她看着我，面带微笑，仍然是一脸期待的表情。

我看得出来，她衷心相信自己带给了我某种神奇体验。但我就是体验不到，就是无法看到神。但我意识到，她之所以坐我正前面，而我会有这样的时间和空间去处理它，这一切绝对不是出自偶然。所以，我便沉潜下来，设法看看自己能从那妇人的脸孔、心里和眼睛中探索出什么。

我凝视着她，慢慢地有所发现。我发现，她的眼睛和我妈妈长得很像。然后，当我往她眼睛深处看去时，我感受到了那种妈妈在我身旁时会带给我的感觉，我开始彻底地经验到就像和妈妈在一起一样的感觉。我闻得到我妈妈身上常散发的气息，感受得到她的临在。这不是一种让我舒服的经验。更精确地说，它让我感觉极不舒服。

但我还是鼓起勇气去更靠近这种与我妈妈同在的经验。看着她透过那妇人的眼睛往外看时，我开始意识到，看着我的乃是神。神正透过我妈妈的眼睛看我！

我看见神，却发现神就是我妈妈——这真是可怕透顶的经验！我一下子心情恶劣得无以复加，有一种可怕的愧疚感和恐惧感涌上心头。

我意识到，前一天，每当我透过别人的眼睛看到神，那些眼睛的主人都是男性。在相当程度上，我等于是透过我父亲的眼睛看到神。

由此看来，神很容易就可以透我阳性的父亲够着我，但我却一直抗拒着透过我阴柔的母亲的眼睛去接纳神。这反映出，有些我对我妈妈的非难和投射是我尚未处理掉的，我依然把它们看作我自己的反映。它显示出我的阴性面仍然负伤严重（不管男人女人天生都会兼具一个阴性面和一个阳性面）。

我也由此体会到，我们人生的第一重关系有多么的珍贵和重要。显然，我们得同时依赖父母双方，才可能得到一个对神的平衡体验。

一领悟到这道理，我便看出了我和面前那位妇人能够一起经历这过程，是何等宝贵的契机。于是，我让自己尽情浸润在我的情绪烙印中。我在那里坐了好久好久，努力去接纳我妈妈的爱，努力是在以平起平坐的方式看待她，努力把她看成与我无异，这过程简直让我饱受痛苦煎熬。

多年来，我都暗暗疏远我妈妈的爱，以此作为向她报复的一种方式：为儿时的怨怼报复，为我自感是个坏女儿的愧疚感报复。所以，当我终于不得不接受她的爱时，我才会又是快乐得无以复加，又是痛苦得无以复加。

我停留在那经验里，直得自己只感受到快乐为止，直到能完全接纳我妈妈爱我的事实为止（这事实是我面前那妇人一直用她心照不宣的表情暗示我的）。她一直只爱着我一个。这对我真是个醍醐灌顶的领悟，真是场值回票价的研习会。

我们隔了一年才又到法国去办课。晚间演讲结束后，有个年轻人向我走来。我看着他，不认得他是谁。他在任何方面都不让我觉得眼熟。但我却感觉得到他的心，感觉得到我们之间曾经关系匪浅。我敢说我一定跟他有过结合，因为他的心里向我敞开着一条笔直大道。

我问了另一个懂英语的学员，对方高兴地告诉我，那人就是前年研习会上那个“木头人”。但眼前这个人却充满生命力，充满朝气！他温文有礼而精神抖擞！他开心地笑了起来，给了我一个大大的拥抱。

自此之后，我见证过许多人以这种方式复活过来。当他们从他们眼睛后面自掘的坟墓踏出来时，我分享着他们的狂喜与惊叹。我与他们一起欢笑，为神性将笑倾注到世界而欢笑。

只要愿意把别人放在与你平等的位置，任何人皆有资格成为你的老师。容许自己受教于每个人吧！

承认他们话语里的真理和智慧吧。他们也是有慧根的，你们的差异只是一时的。

你有多愿意与别人平起平坐呢，亲爱的朋友？唯有如此，你方有望取得进步。这是你可以把你的光洒向黑暗的方法——即愿意与别人平起平坐而不是自视甚高。

每逢你与别人发生冲突，都是出于你不愿意把他们看成平辈。试着练习把那些你最抗拒的人视为平等的吧。

# 三件式西装

奇迹等于肯定了每一个人都是你我的弟兄。这也是你从万物中认出上主无所不在的途径。

《奇迹课程》，正文第六页

1990年年初，我受一家培训公司邀请，到台北主持一场研习会。一般来说，带研习会的时候，我都是使用恰克和我这些年来发展出来的心理治疗模式（即“知见心理学”）。我会自己挑一个主题，用我自己的技巧和风格讲授。

但那一次，主办单位却要求我在一个更传统的框架中讲解“知见心理学”，以“目标设定”、“时间管理”等作为主题。主办单位觉得，这样的架构方能让与会学员（主要是些台湾的商务人士）感到与切身有关且可理解。

虽然我有自信可以把一个传统风格的研习会带好，但对于要偏离我熟悉的运作方式仍然有点不自在。我个人的工作风格一向极端阴柔化，极强调亲密互动和情绪互动。一想到一屋子的东方商务男女，我脑子里便浮现出一张张深不可测、浓缩着阳性心灵的脸孔。这些人有可能会接受或重视我想教给他们的东西吗？

话虽如此，我还是带着两个孩子，搭上一班晚班飞机飞往台北，飞行时间是 12 小时。我们母子三人都雀跃于看看台北是什么样子。

我们发现，那里的人很好相处，食物也可口，两个孩子也很喜欢他们的保姆。唯一让我感到困扰的是两个小孩的生理时钟还停留在夏威夷时间，会在我工作的时候睡觉，在我想要睡觉时要我带他们出去玩。

研习会开始于星期五的傍晚，也就是我到达台北的第二个晚上。果不其然，教室里坐满了商务男女，穿的都是白天上班时穿的套装。他们看起来是一群难缠的人。其中一个男的样貌光鲜，穿着三件式西装，样子特别深不可测和难于打动。

研习会进行顺利，随着周末的到来，学员对我所教的信息和理论都能充分吸收，让主办单位很是满意。事实上，一切圆满得让我敢于向负责人提出一个要求：第二天早上（也就是研习会的最后一天）是否容我教一些自己想教的东西？对方毫不迟疑地回答：“好！”

次日早上，我告诉大家，我准备为在场所有人的团体心灵做一些工作。我屏退了翻译人员（因为接下来用不着语言交流），开始播放音乐。然后，我透过我的心把教室里每个人拉入一片水乳交融和亲密无间之中。

我穿梭在团体中，时而在这里或那里停下来，把各式各样的游离分子和抗拒者的心拉进爱的接触中。没多久，大部分学员都开始哭起来或啜泣起来，有些人还因为感受到旧痛的离开而放声大哭。

与我处理过的其他群体不同的是，这群人的移动性特别高。虽然每个人都有自己的椅子，但因为习惯了席地而坐的文化，他们常常喜欢选择坐在地毯上。只要我一坐下来处理某个人，其他人就会急急跑过来，像幼儿园学生那样围坐在我的四周，专心注视每件发生的事。

有时也会有学员拉着他们腼腆的朋友或配偶过来找我帮忙。教室里洋溢着的爱是那么的炽热，因而奇迹接连不断，发生得又快又轻易。我开始感觉到，通向天堂的大门已经开启。

一个桀骜不驯的年轻女子抱着我，当爱破开她的心扉时，有人在我背后碰了碰我。我转过身，想看看是谁需要我，然后看到了“三件式西装先生”。

他蹲着，屁股很接近地板，眼睛因为不好意思而瞥到一边，但伸出的手仍然碰触着我，借此帮助他去感受爱。我把手按在他身上，默默祈求上天赐福于他。

他开始啜泣，然后随着心扉的打开和感到爱的冲刷而大哭起来。我感受得到神正透过我把爱传递给他。

全体学员在爱中沉浸了四个小时，直到午餐时间才中断。毋庸质疑，工作坊在全体备受启发的情况下画下句点。所有学员看起来都经历了一次脱胎换骨的转化。

研习会结束后，大家仍然相当兴奋，沉醉在快乐中，所以又在教室里逗留了老半天。他们互相拥抱，开怀地笑，又一起游戏（中国人不常互相拥抱，所以这一次他们是过足了瘾。）

我记得大家从会场的这一头冲向另一头，互相投入彼此的怀抱，后来又玩起叠罗汉的游戏，迭出几层高，最后在一阵哄笑中垮下来。此情此景几乎让我忘了，仅仅两天以前，他们那副商务人士的神气曾让我忐忑不安。

那天傍晚，在所有人向我致上感激和爱的时候，最让我被喜乐充满的一个致谢来自那位“三件式西装先生”。流着源源不断的泪水，眼睛里闪烁着光芒的他告诉我，他已获得了最无价的礼物：这是他生平第一次能感受到自己对妻子儿女的爱。这不亚于让他拥有了全世界。

没有人是独立或解离得不需要自己的心，不需要感受和表达爱，不需要回到天国的庇佑中，被天国所了解和呵护。其实，这一切全等着你去领取，亲爱的朋友。透过与别人的心连通，这一切便全是你可得着。

# 无法抵挡

奇迹透过你而颂扬了上主。因为奇迹荣耀了他的造化，肯定它的完美无瑕，上主为此受到了颂扬。奇迹拒绝与身体认同，坚持他的灵性本质，才能发挥它的疗愈之效。

《奇迹课程》，正文第五页

1990 年的夏天，恰克和我在瑞士的阿尔卑斯山主持了为期五天的工作坊，主题是“死亡与转化”。一共有 100 人参加，许多是医生和护士。这些人有一个不寻常之处：全都是瑞士人。

瑞士人一向以审慎自制著称，我们工作坊的瑞士学员也不例外。他们拼老命想控制自己的情绪状态，对“放开”这种陌生经验充满了恐惧。恰克和我灌输给他们大量信息，又用爱去包裹他们，然后让他们自行“炖煮”。

到了第二天早上，他们终于冒出蒸汽。工作坊的压力锅把他们炖煮到了无法继续有所保留、无法继续抗拒重生的地步。我经由内在处理他们的抗拒，逐一予以燃烧，予以销毁，又吸收消化掉他们的恐惧，一直推进至他们集体心灵的核心。一旦到达了团体心灵核心，有些学员因为感到旧痛浮出而开始尖叫。很多人哭了起来。几乎每个学员都感受到某种情绪波动。

自此而下，工作坊变得更刺激，成果也更丰硕。那些能够碰触内在的学员发现了一些他们原先不知道其存在的部分。他们找回了多年以前打包起来的记忆、情绪和感伤。但有一个家伙的内心我却始终够不着。他自称是卡通人物“倒霉蛋’的翻版，以下我会称呼他为艾米尔。他是个悲观主义者，情绪总是消沉。明显的是，他儿时有过的失望创痛是他后来的人生所无法弥补的。

一度为了处理他，我把工作坊暂停下来。我想要够着他，把他拉出来，把他带入接触。但他就是做不到，就是不愿意。毕竟，他相信自己的人生观已相信了太久太深，也对痛苦太习以为常，跳出来反不自在。

我臣服了，随他爱怎样便怎样，但私底下仍然相信，我已倾泻到他内心去的爱迟早会得到他的欢迎。假以时日发酵，这爱将会让他无法抵挡。

工作坊继续进行着，气氛时而高亢，时而低回，既有笑声不断的时刻，也有回肠荡气的时刻。在场的每个人都进入了更深的交流状态。

最后，工作坊最大的抗拒被挖了出来。我们抵达了集体心灵曾经自我放弃和经验过情绪死亡的地方。

这些无生命的部分一直受到很好的保护和防御。在我的意识觉知里，这些可称为“死地”的部分是一片由失落感、愤怒、孤单和惰性构成的大海。虽然我在外表看起来是坐着不动，但内心深处却是忙个不停：忙着搅拌、忙着砍劈、忙着消化和忙着焚烧。我要劈出一条通往他们无生命部分的路来。

然后，酝酿到一个程度之后，班上觉知力最高和最接近意识表面的一位的女学员开始觉醒。她的防卫机制开始解体，变得可为我的心所够着，开始感受到被爱。这时，团体心灵已破开到了一定的意识程度，让爱可以开始清理他们的内心，让他们变得能够领受爱。随着团体心灵慢慢被转化，有些人哭了出来，他们紧绷的心开始松开。

大家开始经验到真正觉醒后的聚焦明晰。随着愈来愈多的学员跌入他们的感情里，一个转换发生了，我们开始看见了隧道尽头的光明。我们能够感觉我们的心被爱充满，降临自一个神圣源头的爱。它不只充满我们的心，还满溢了出来。

开始时是一张脸，然后是两张、三张、四张脸……愈来愈多的脸露出了惊奇之色，变得豁然开朗。他们都感受到被爱，感受到喜乐，感受到至福。此时，这些本来谨慎、自制又理智的瑞士人纷纷站了起来，情不自禁地跳起舞来，又与身边的人拥抱，几乎不知道该如何自处。

天堂是那么的逼近眼前并创造出那么坚固的一个要塞，所以我知道无事不可成就。没什么是我们不能得着的。没有人抵挡得了这爱——它太咄咄逼人了。

我抬头望向那个正在经历重生的人。对，我说的是艾米尔。他坐在教室的另一头，正在回望我。他心中仅剩下最后一回的挣扎……然后他露出微笑，继而开怀大笑，因为他知道胜负已经揭晓。他知道自己再也没办法把爱拒诸门外。

我们不约而同站了起来，走向教室中央，伸臂迎向对方。我俩喜极而泣，充满感激之情，并意识到天使正向我们致谢。教室里的每个人都可以感受到我俩的极乐狂喜。

在工作坊进行期间，天堂为我们打开过许多次，每一次都带来强度几乎让人受不了的柔情、快乐和亲密感。这些恩典的浇灌在我看来是最可堪敬畏的时刻。每逢这种时候，我都感到自己无比卑微，又无比宏美。

第二年夏天我们又到瑞士办了一个为期十天的研习会，取名“爱的奇迹”。名副其实地，这研习会从头到尾都可称为奇迹。打我们站在学员前面那一刻开始，便有深邃和丰盈的爱与我们同在。每次上课期间，学员都能够平静地坐在爱与至乐的川流中，感受到他们那些掩藏着的课题和情绪慢慢松开，通过扬升而离开。

我发现，大部分学员都能够在几分钟之内（甚至在片刻之间）便经历穿越旧痛的过程，把它释放出，升华为爱。就连那些本来最激烈抗拒这过程的人也变得轻易就范。整个研习会都是一个奇迹。

艾米尔也在场，而且表现极为出色，在自己跟父亲、母亲和其他世人的关系上经验了许多突破。他每一天都变得更快乐一些，甚至变得温文有礼和亲切。

课程结束时，他站起来感谢我们对他的帮助，用敬畏的声音形容自己变成了一个怎样的人。他不仅能感觉自己对在场所有人的那份爱，还可以彻底地经验到每个人身上那鲜明可辨的爱。他的面容就像一个醒来后发现自己身在天堂的人。

天堂真的存在！它就是你本然的实相。你唯一需要做的只是看重它，感知通向它的道路，领受它，认识它本是原属于你拥有的。

想要生活在天堂，就必须愿意承认你对很多事情存在误解：承认你误解了自己是谁、误解了你被爱的程度、误解了你人生的目的。臣服吧，亲爱的朋友。胜负已经揭晓，抗拒只是徒劳！

# 黑与白

人是透过阴柔面而领受的，亲爱的朋友。男人女人莫不如此。阴性面是恩典、疗愈、关系和爱的载体。没有它，生命就会空虚、空洞和不完整。

每个灵魂都需要它阴性那面，因为这一面可以领你回天堂去，教你如何领受神的滋养与照料……

我生长在一个阴柔特质备受贬低的年代，就连“阴柔”一词在当时也充满贬义。在这方面，近年有了有趣的改变。过去几千年来，最被人类文化看重的大部分事物都属于阳性，反观阴性事物则备受不信任和鄙夷。不过，剧变正在发生，钟摆开始往回摆动，回归平衡。

近年来，我们的社会开始对阴性重新评价。在心理和灵性的层面，这种改变带给了我们发展自我、表达自我和满足自我的极大契机。男性和女性都渐渐认识到，他们若是不能发展和表达自己的阴柔特质，那么人是不完整和不平衡的。

有趣的是，阴性大概是神最先被人认识到的一面。在人类历史的很长一段时间里，神都是被看成阴性的。直到几千年前，大部分文化才把神看成是阳性。

有些文化至今仍然崇拜阴性的神，或是同时信奉阴性和阳性的神。例如，印度教就体认到神有阴性的一面，所以会崇拜大母神和其他女性神祇。

女性主义运动最初是一个社会运动，后来发展为一个政治运动，至今更是发展为（至少是它的一些分支是如此）一种灵性运动。在其中，女性的重要性被重新发现，被认为是神的阴性面（即“女神”）的体现。我看过一张口气挑衅又可爱的汽车贴纸，这样写道：“神近了（她对世人很火大）”。

现代阳性宗教会发展起来，大概是对阴性宗教长久独尊的一种反弹。类似的，那些崇拜女神的人也从不会看重神的阳性面。但如果神真的是按照自己的形象创造人，那我们不是应该同时包含他的阳性面和阴性面才合理吗？

就我了解，马丁·路德是知道神有阴性面的。他没把这一面纳入新教的蓝图里去，是因为他认为一种包含女性神祇的宗教不可能吸引到更多人的皈依。那样的宗教必然会强调，在圣父和圣子的等式中，必须加入一个圣母才算完备。

每逢主持工作坊而又得到一个重大的疗愈突破，都会让我欣喜不已。我在 1989 年就碰到过一个这样的机缘。该次女性工作坊的主题是一个当时西方许多妇女都极感兴趣的主题，称为“唤醒内在女神”。我的目的之一是帮助女学员对她们天性中较不被社会接受的特质变得熟悉和自在。这些特质让我们的文化蹙眉，但又是女性心灵不可少的一部分。公认的典型阴性特质包括：生、死、性能量、激情、孕育、摧毁、黑暗，以及领受和吸收的能力。

我们自小受到教导，应该压抑自己的攻击性、激情和性能量。我满心期望我的工作坊可以让学员再一次（或生平第一次）获得自由去体验这些属于女性本质的特质。虽然听起来奇怪，但攻击性真的是发展关系和获得亲密关系的不可缺少的元素，而上述三种“阴暗特质”也都是作为完整的人所必须具备的条件。

工作坊从一开始就极为水乳交融，哪怕大部分女学员表示她们对于与满屋子的女性共处感到很不自在。很多人都说她们一般尽可能回避这种场合。她们不信任女性，感觉不安全，不喜欢女性，不喜欢以其他女性做伴。不过，她们还是抗拒不了工作坊的吸引力。另外，学员中也有很大比例是女同性恋者，即使常与别的女人在一起，却鲜少与异性恋女性在一起。

这是一个很容易进入、很容易感觉的团体。开始没多久，我们便被一种共同意识所弥漫，然后，我们进行了一趟很深很深的内心之旅，一直深入到“阴性”之内。女生们开始“爆破”，情绪无所顾忌地浮现和涌出。慈悲从我们内心倾泻而出——我们受到了疗愈，受到了宽恕，感到被爱。然后，第二天早上，在一位境界特高和特别有慧根的学员的带领下，我们进行了一趟有趣的“阴柔心灵”之旅。

她首先描述，她有一种漆黑阴暗的感觉，就像是她里面有一个山洞。她害怕一个人进去，但乐于在我们所有人的陪伴下进去一探究竟。我们一道前进途中，她感到山洞的地面分了开来。她往下掉落，最后落在了一堆骨头和灰烬上，让她觉得想作呕。我意识到有什么神奇的东西等着我们发现，便问她，我们发现的是不是火葬场。

那位女学员对各种宗教和灵性修行颇有研究，所以知道我在说些什么。她告诉我们，她去的是心灵里那个属于“黑暗女神”管辖的领域。当她拥抱火葬场那种纯然和彻底的空无时，她开始感觉大母神进驻在她里面。

我的肾上腺素急速涌出，感受到自己被一种神秘感受所充满，也让我从头到脚都起了鸡皮疙瘩。那是一种太吓人、太美和太有力的感觉，让人几乎难以承受。但我还是不顾一切，紧紧抓住这机会。

我关掉灯光，播放一些旋律古怪但美妙的“阴间”音乐，告诉学员我们要来举行一个仪式。那是一个有关我们自我创造的仪式，它全然只关乎自身，全然的个人化。

在这样的时间和空间中，我将会提供安全。她们想做什么都可尽管去做，可以按心之所感做任何事，唯一不容许的是伤害别人或自己。在接下来的半小时里，75 个女学员放开文化加诸她们的束缚，经验到她们的怒气有多狂野和多美。她们变成了她们的激情、攻击性和力量。

有人跳上跳下和对空气挥拳，有人哼歌跳舞，有人扭来扭去，有人尖叫，有人怒吼，有人大笑。

在我看来，那是一个最美的景象，是一种最狂喜和最刺激的感受。我坐在教室最前面，把每个人都纳入我的觉知里，从我里面感受她们所感受到的一切。流着深深谦卑和感激的泪水，我把这仪式（或说这崇拜）献给天国作为礼物，作为我献给女神的礼物。她大概已有好几千年时间未曾以这种方式接受过颂扬。

然而，就在我将礼物举起，向她奉献时，我打心眼里看到了自己的迟疑。我被恐惧所啃噬。我被一种古老和已被遗忘但仍然有力的信仰给攫住。我开始怀疑，我面前的女神就是那位以酒神为配偶的女神（酒神被后来的犹太教—基督教判定为恶魔）。

会不会我只是受到了蛊惑？会不会这种阴性复活仪式只是一种魔鬼崇拜？会不会我是受到了邪恶力量的利用，正在把那些纯真的女人导向堕落？

我愣在那里，犹豫不决，被这样的两难给困住。当前的处境把我的手、把冲突、把认知的不和谐逼入我的心灵里。我必须想办法明辨真理！我唯一想到的办法是进入疑惑中去感觉。我这样做了，而我唯一能在当前表达自我的仪式里感受到的，只有疗愈、解放和爱的统合。

答案响亮震耳：这些女人正在做的事是符合真理的。那是真诚的、真实的，会为当事人带来力量的强化。它是人类心灵的一个角落，容许生命与表达，而那是先前受到非议和否定的。

这体认突破了一层把我束缚了许久许久的薄膜。当我完成向天国呈献礼物的那一刻，有什么强有力的变化发生在了我里面。我的心灵停止了运转。有什么东西破裂了开来，有一种解体正在发生。

此时我感觉到，对与错、善与恶、黑与白，还有阴与阳的信念正在分崩、碎裂。所有碎片颤抖着、共振地进入彼此，一种整合和疗愈发生在我心灵的深处。此时，凡是我以前只能经验到对立和分离之处，出现了统一和完整。

这群女人都表示她们爱极了这个练习。许多人都直接经验到住在她们里面的女神，许多人重拾了自己的力量和热情感。我相信，她们每个人都获得了崭新的自我接纳感和自由感。最戏剧化的结果是，我看到了一群不喜欢彼此的女人蜕变成了一群女性主义者（在我的定义里，“女性主义者”是指喜爱女人的女人）。

# 领 受

祈祷是奇迹的媒介。它是受造物与造物主之间的交流管道。爱必须透过祈祷，才接收得到；爱也必须透过奇迹，才会具体呈现。

《奇迹课程》，正文第三页

最近，我和恰克荣幸地获得好朋友艾玛和罗尼的邀请，担当他们婚姻注册仪式的见证人。艾玛和罗尼这对可人儿是那么的善良和聪慧，名副其实是两个“无翼天使”[①]。他们稍后还会在法国南部办一场无比盛大的婚礼，我们所参加的只是在伦敦举行的法定仪式，在场只有少数的亲人密友。

事后，我们到一家漂亮的餐厅享受美食，在一个单独的厅室里围满一张大桌子。我坐在新郎左边，坐我左边和对面的其他客人我都还不认识。

这是一场欢乐的宴会，恩典就像席间斟来斟去的美酒那样流泻着。坐我左侧的青年是个有趣的人物。他为人聪明，事业又成功，但我与他谈得愈多，便愈觉得他的生活并不快乐。他似乎也对自己的不自在不甚满意。我可以感受得到他的需要和孤单。既然席间流淌着那么多的恩典，我决定要帮他领受一些。

我一面跟桌子对面的一对迷人男女聊天，一面像是不经意地把一只手按在那青年背上。没多久，他便生机勃勃地加入了谈话，甚至主导了谈话，把话题带到了男人需要些什么的问题上。

他宣称，一个男人一生所不断追求的，归根究底不外就是一双可供他吮吸的“大乳房”。他又把新郎拉进讨论中，问对方是否同意他的看法。

新郎官吓了一跳，但主要不是问题太突兀，而是因为他朋友一向不是个热情追求女性的人，所以完全没料想到会从他口中听到那样的话。

接下来大家转入了别的话题，但我继续把恩典和爱导入那青年的心。过了一会儿之后，他不再说话，带着一脸傻笑径自坐在那儿。

然后，这个实际上还只是个小孩的男人竟弯下腰，把头枕在我的大腿，脸上流露出天真无邪的满足感。由于我和他正在一起经验恩典，所以他的举止对我来说是十足的甜美和自然。

不久就上了第一道菜。那青年端坐起来，而我的注意力也转到了大家身上。艾玛和罗尼真是一对天作之合，他们的婚姻对这世界来说是一个莫大的赐福。我能够参与这场盛事，着实是莫大的荣幸和喜乐！

直到第二天晚上，我们才有机会再度与他们相聚，在座的还有另一位伦敦的朋友米高。回顾前一天的欢乐，艾玛和罗尼回想到那青年把头枕在我大腿上的奇怪举止，都忍不住大笑。那完全不像他一贯的为人！更夸张的是，当罗尼今天早上看到他的时候，他仍然是一副喜滋滋的样子，就像是走在云端。

我相信，这青年在餐厅里所说的那番话乃是由衷之言。我相信，每个人的阴性面（特别是体现在女性的阴性面），都是为领受甜如甘露的天国恩典而设。当这阴性面把恩典接纳到满溢的程度，能够把恩典的甜美以能量之流的形式分享别人的时候，它在一个相当细腻的意义下相当于提供给别人母乳。它带来的滋养可以满足每个人内在的小孩对母性滋养的的需要。

基于这个认知，我深信一个家庭的中心乃是母亲，因为她可以带给丈夫和子女滋养性的慰藉和照料。当作为妈妈的人能够提供这种人类的基本需求，将没有人会比她更受欢迎。

我在研习会碰到过的女性都与生俱来具备这种“为别人而领受”的能力。她们通常都会在她们最早期的关系里提供这种疗愈性的甘露，只是后来因为害怕自己会被“生吞掉”才把这能力给关闭了。受我帮助而重启这管道之后，她们都感激莫名。

能够把这种甜美能力带入人类表达中，会给女性带来深深的满足感。在我看来，这是做爱最重要的一面。阴性面带来的欢愉是那么的令人兴奋和充满挑逗，可以让男女双方被提升到出神狂喜。

“把恩典带给他人”的经验并不是女性的专利。连极为阳刚的恰克也自称他是“母神的一个婢”。世界各地都有把我教的方法学得极好的学生，而他们中间许多人都是阳刚气概十足。

他们都能够把他们的心与灵接通于我认识的那种狂喜，并且把它作为礼物送给他们够得着的人。我们的研习会能有这样的工作人员帮忙真是美妙：有愈多的心、眼和手帮忙，工作就会做得愈彻底。他们都是为母神服务的无翼天使。

你的心渴望在恩典与爱中成长。听任生命的礼物滋润你和充满你吧，也听任它流向世界以嘉惠众人。

---

① 《无翼天使》是艾玛所拍的一部纪录片的名字，她的人生志向是为当代的圣者留下影像记录。这显然是“同类相惜”的又一例子。

# 拆 墙

一旦你体认到神的爱，便不再会认为任何人与你有差别。国籍、种族、文化、社会阶级、性别、性偏好、年纪、智力水平、外貌——这一切全都变得不重要。

这些特质只是一层奇薄无比的薄膜，反观它包覆住的东西——众生的一体性——却是深不可测。神住在每个人的心中，使得人与人之间毫无分别。

把你的爱扩展到容纳每一个人，容纳每一个有情的生命吧。如此，你就可以唤醒他人，让他们向那支撑和统一我们所有人的唯一实相醒转。

有一次，我们在太平洋西海岸举行周末研习会，来了一些原住民朋友（即印第安人）。他们一行 30 人，坐了八小时的游览车才到达会场。他们来此需要勇气，一点都不容易。

在周五傍晚的开幕式上，我用了“东印第安人”这个很少用的词（指印度人），这是因为我两天前才在伦敦跟一些印度朋友碰过面，而且觉得这个词切合我的讲话内容。遗憾的是，那些原住民学员以为我是指他们，对我竟然用“印第安人”这个不正确的名称来称呼他们很不高兴。另外，这群来自西部的原住民也很介意我称他们为“东”印第安人。

星期六早上，这群原住民朋友等在教室外面，不肯进场。我走出教室跟他们谈了谈，而值得感谢的是，他们彼此经过一番辩论后，愿意进入教室待五分钟，听我解释。其中一个青年看来对大伙的决定特别有影响力。听了我的解释之后，他们再次离开教室，过了 20 分钟才重又回来——但只有三个人愿意回来。

当天下午，轮到我负责带研习会时，爱开始在教室里流淌，工作起来相当容易。当我认为是时候望向那位原住民青年的眼睛时，我感受到他受到了爱的极大冲击。他脸上的神情极是惊讶，又向我展露出一个谜一样的微笑，让我非常快乐。

那是一个非常棒的工作坊，而在座的白人学员也深深感激原住民朋友的出席——特别是因为他们差点走得一个不剩！其中一位留下来的原住民是位年纪较长的男性，他自嘲，自己虽然是个印第安人，却又是以牛仔为业，可是够矛盾的。他又透露，自己因为酗酒（戒除中）而遭到家人离弃。他的分享，还有他接下来在疗愈工作上的表现，都让在场所有人深受感动。

星期天下午，一群原住民朋友因为回家路途遥远，不得不提前离开。当恰克开始向他们道别时，先前提过的那位印第安青年站了起来，要过麦克风，说了如下一番话：

爸妈在我小时候喝酒喝得很凶，所以我从不曾感受过被爱。我从不知什么是爱。后来，我进了寄宿学校（指专为“印第安人”而设的学校）。在学校里，我老是被冤枉，老是挨揍，在各方面都受欺负。所以，我也从不曾感受过被爱。

因为感觉不到爱，我逃离了寄宿学校，开始流浪街头。有四年的时间，我晚上都是睡在后巷，吃的都是从垃圾桶捡来的食物。我慢慢跟一群混混一起厮混。我们一起打架、一起偷东西，什么都是一起干。我也透过群体得着了力量。但每次我想要上进，都会被这些我视为朋友的家伙扯后腿。

我一生都希望找到个可归属之处。我希望有一个有爱的家庭，而我这一生也花了很多力气去适应、去寻找接纳和爱。

但我从未找到过爱。我找到过的接纳少之又少。每个人在我面前都竖起一堵墙。各位知道我们有多被排斥（说着用手势指了指他的族人），而我自己的人生又是多么的艰难。所以，我是抱着一种不信任的心情来这里的，猜想你们搞的那一套大概只是狗屁。

不过，我的心已经有所改变。昨天的开幕式让我们很不是滋味。我是主张走人的其中一个。但你太太却要求给她一个机会……流浪街头那段日子，我渴望的也只不过是一个机会：一个可以证明自己是谁的机会。

我是当粗工的，所以对用榔头拆墙很在行。我晓得，想要快快敲掉一堵墙，最好是一群粗工携手合作。我现在讲的是灵性之墙，我们必须一起通力合作。

我现在已经瞥见爱究竟是什么，我左顾右盼都看得见爱。我和我太太（她坐在他旁边）在一起已经 13 年了，结婚八年。我们的婚姻有许多不顺遂，而我来这里的目的之一，就想强化我俩的关系。

我一直感觉我的人生缺了些什么。但这工作坊让我明白，我一直寻找的东西其实一直在我四周。与其到不同的城市和不同的人群中寻找我想要得到的接纳，倒不如……（这时他因为情绪激动而声音哽咽）。我在这里经历了一番艰难的内心挣扎。

我老是说我不会允许别人进入我的内心，因为每次我让自己的情感流露，都会受到伤害。我一直被欺负，一直被扯后腿。我告诉过一些人，我绝不会哭，因为只要不哭，就不会有人知道我受到了伤害。所以，没有人会知道我心情低落，没有人看过我哭。但这个周末我却哭了，因为爱就在这会场里弥漫着。

我以前甚至不认识这里大部分的人，从未见过他们。但这些脸让我联想起一些与我一起生活过的人，提醒我我们分享着一个共同的土地。

我想说的是，我们应该忘掉种族国籍，互爱互助。我们全都看过强调种族国籍有什么后果，那就是人人都想贬低别人的种族国籍。但我相信，我们既然都是人，所以是没有分别的——我们全都会在早上穿上裤子、袜子和鞋子，以及以相同的方式做爱，我们全都有兄弟姐妹和父亲母亲。我们应该就只是把自己看成是人，打开我们的心和灵。这两天下来，我也不得不打开了自己的心和灵。

就像我说过的，我是抱着一种怀疑的心态来这里的。但现在我却有了不同的观点，因为我感受到整个会场都弥漫着爱。流浪街头那一段日子我都没能找到这个……那种生活太苦了（他的声音又哽咽起来）。

我只想对在场每个人说声谢谢，特别是谢谢你和你的太太，恰克。你们证明了爱是在我们里面的，爱就在每个人的四周，而我们唯一需要做的只是打开我们的心和灵，接纳这爱。

听了这番话之后，恰克表示，他有一个办法可以强化年轻人与太太之间的关系，而且用不了多少时间，问他愿不愿意一试。年轻人同意之后，恰克便把他和太太邀到教室中间（教室的椅子排列成U字形），让那年轻人和他一道站在U字形的一端，让年轻人的太太和我站在另一端。

然后恰克问他，这教室里哪两个人最像他父母——不一定需要外貌长得像，主要是他们感觉上像。

“最让我觉得像我父母的是两个我很熟的人。可以扮演母亲那个人不在这里，她是我们的头目米德蕾·史旺，但她昨天说过话（她今天一整天都没进教室）。至于父亲，我感觉乔治最像我父亲（乔治就是那个当牛仔的印第安人）。”

就在这个节骨眼，双开式的大型弹簧门砰一声打开，只见米德蕾冲进了教室（这毫无疑问是奇迹显现）。她是要来告诉大家，游览车已经准备就绪。

恰克告诉米德蕾，我们正准备给那年轻人做些可以疗愈夫妻关系的工作，把这份关系提升到一个新的境界。她和乔治愿意帮忙吗？他们答应了。于是，恰克就让两人站在U字形的中间。

然后恰克向那年轻人解释，他与太太之间之所以存在隔阂，罪魁祸首是他有一个痛苦的信念：他相信因为“没有父母的扶持”，他必须独立自强，凡事靠自己。这信念帮助他在街头流浪生活中活了下来，但后来却成了他之所以和太太无法亲近的一道障碍。他身上的一部分一直对他说：“我完全不需要她。”其余部分则说：“我很需要她。”换言之，他与妻子之间横隔着一堵看不见的墙。

恰克进而说明，每当一个人抱怨父母没能给他们什么时，正代表着那人诞生于世上的目的是要送给父母那东西。不过，很多时候，当一个小孩诞生在某个家庭而感到缺少了什么时，他们不但不会自己送出那东西，反而会自暴自弃。那个年轻人的情况就是如此。

但透过一些协助者共同参与的仪式，他仍然可以送出他一直想送给父母的礼物。他可以看着他们的眼睛，与他们达成和解、宽恕他们，前去与父母在爱与恩典中团聚。然后，因为他支持了父母，现在便可以将父母带至太太身边，作为他们夫妻的支柱，不再是这婚姻关系的一个障碍。

然后，他可以看着太太的眼睛，现在两人之间再无阻隔，他便可以与她结合。要能摆脱自己的“求生者”人格，那年轻人必须付出极大的勇气，但那样做也将让他与太太的关系提升到一个新的伙伴关系境界。那也是他太太一直翘首以盼的。她自己也是从未感觉过被爱，而他送出的礼物将可改变一切。

我用音响放了一首歌，而那年轻人开始看着他的“父母”，以此面对自己的怨怼、愤怒和伤痛。他鼓起全部的勇气和力量去处理这些情绪，寻找宽恕的心。播了三首歌之后，他才能发自真诚地走到教室中央，拥抱站在那里的两个人。

出于各自不同的理由，这三个人（乃至教室里的每一个人）都经验到了极强大的情绪释放。

然后，三个人手挽着手，走到年轻人的太太面前，把她也纳入拥抱中，让那堵无形的墙彻底瓦解。没多久，恰克、我和全部的原住民都加入到他们中间。接着，研习会所有学员都围拢在教室中央，分享出他们的爱，与那些原住民朋友一一道别。搭上游览车回家去的是快快乐乐的一群人。

在下一个举行于夏威夷的“知见心理学国际训练营”上，我意识到在座所有人都能够享受身为世界社会一员的滋味，是多么的幸运。能够超越政治、国籍和种族的认同，以地球公民和人类大家庭成员的身份彼此对待，是多么的美好。

我们是由不同基因和文化构成的一道彩虹，分别说着五种不同的语言，却被一条强有力的纽带连结在一起，明确无疑地显示出天堂真的存在。环顾会场四周时，我意识到，仅仅一代人以前，我们所有人的父母都还在彼此争战。

能够毫无隔阂地了解彼此和爱着彼此，我们是何等的蒙福。天堂愿景是每种人类冲突、恐惧和需要的解答。

# 两个小男孩*

……光明一现，黑暗自然消逝。

《奇迹课程》，正文第六页

在接受兰西的咨询过程中，我发现能不能得到恩典、爱与快乐，完全是个人的选择。我有生以来第一次体验到，选择与再选择的过程原是在我内心深处不停地进行着，其机制剔透和鲜明得就像水晶一般。

我的困扰来自一个叫艾丹杰的小男孩。他妈妈塔拉和我是好朋友，因为要出国的关系，把孩子托给我照顾两星期。艾丹杰是独子，可爱得不得了，跟我一向很亲。

过去几年，他来我家住过许多次，每次都相处愉快，毫无嫌隙，整个星期顶多是有一或两次为时五分钟的僵持（原因或出在他太顽皮，或出在我耍性子）。但这次碰面，出于什么理由，我却从头到尾都在发脾气。艾丹杰让我烦躁不安，做什么都让我觉得不顺眼。我发现自己处处挑剔他，一如我爸爸在我十岁时处处挑剔我。

他让我联想起十岁时的我，又让我觉得自己是个无能的

“父亲”，凡此皆让我痛苦。我对自己失望透顶。我就像是被以下这三个人附了身：十岁时候的我、现在的艾丹杰和我十岁时的父亲。我真的感到自己好分裂，不再是原来的我。

雪上加霜的是，我知道自己明明爱着艾丹杰，却感受不到这爱的喜乐和慰藉。相反的，我感到内疚、痛苦、懊悔与失望。

在艾丹杰要回家的两三天前，我找兰西寻求帮助。她陪我坐下来，帮助我“感受”这一切。事实摆在眼前，我处境悲惨，绝望至极。我受够了，决心要完全和绝对地摆脱这种无爱的状态。不管需要什么样的代价，我都准备好要为爱付出。

兰西把两个小孩交给恰克代为照顾，然后带我走进她的办公室，两个人面对面坐在沙发里。我告诉她我碰到什么事，并表示愿意完全敞开，任由她处理。

她把一只手按在我胸前，开始要把我感受一遍。然后她把另一只手也放在我身上，又说她在我里面感受到一些忧伤。起初我感受不到，只感受到我的困扰从上往下压迫着我，让我感到失败，无力去爱艾丹杰。我有一丝丝的绝望感、一点点内疚和一种高速行进的感觉，就像自己正在一条两旁是灰焦沙漠的高速公路上无目的地奔驰。

接下来，兰西把头靠在两只手上，把这头的重量透过双手传入我的胸膛。当她与我发生着身体接触时，一种巨大的安全感降临到了我。我开始感到与她连接，感到一股暖意、一种伙伴情谊和一种受到好好照顾的感觉。我有点像是被妈妈抱在怀里，但这种形容仍然不够精确。更好的说法毋宁是，我感到自己被爱着，而爱着我这个人是个爱的能手。我感受到友谊、伙伴关系和一股能量的临在，这能量比我的心灵更大，大得足以把我疗愈。

各种儿时的回忆纷纷浮上我心头。我看到的是发生在我十至十三岁左右的事，对我来说，那是人生最难熬的一段岁月。

有时，我最强烈的感觉是出现在胸口，有时是出现在喉头。这些感觉有时主要是生理性的，有时主要是情绪性的，然后两者又会融合起来。继而，几分钟之后，在我被兰西双手按住之处，我的胸骨开始有一种烧灼感，就像她正拿着一根烧红的烙铁在烙我。我的肌肉和骨头名副其实有一种尖锐的燃烧之感。然而，那感觉再恰当不过了，而且非常非常的有疗愈力。

不过，要澄清的是，兰西并没有戳我或捏我。她实际上只是以指尖（有时是用手掌）非常轻柔地触摸我。我会感到被烧灼，完全是她指尖流出的能量导致。

那是一种让人非常满足的感觉。我不期然想到“美味”两个字。我感觉自己正在被疗愈。

然后兰西问我有没有感觉到爱。我是可以感到某种美好的事物正在我内心出现，但不太确定那是不是就是爱本身，所以支支吾吾了一下。看到我的这种反应，她说：“看看你是否能够觉得被爱着，找找看。”

接着我感觉有一股急促、闪闪发光和令人酥痒的能量从我的脊骨向上窜，就像有人正用一根巨大的鸡毛掸子沿着我脊椎往上拂。我辨识出这是一种典型的拙火活动，所以不加抵抗。过了约莫五到十分钟，当我又能直挺坐着的时候，兰西再次问我，我是否可以感觉到爱。

最初我不知道这有什么重要的。就算我没有感到被爱又如何？反正我已经身处在某种强大和有用的能量之中，这不就够让我受用了吗？

然后，等她又问了我同样问题五六次，“你有没有感觉到被爱？”“你能感觉到爱吗？”我才开始更仔细地探索自己的内在。那种称之为“爱”的东西在哪里呢？这时，困扰我的问题开始一个一个浮现，而我们也一个接一个地把它们烧穿。总的来说，我的感觉很好。不过，每当我“往上”寻找爱的时候，我所能感觉的都只是那个烧灼的过程。

接着我记了起来，几个月前，我曾有过一个清晰灵视，看见兰西是如何看待我。她眼中的我是世间最美的人。这“美”不是一种时髦、虚浮的美，而是一种甜美、自然、可爱和神圣的美。我一直认定自己是个又胖又脾气暴躁的人生输家，所以知道竟然有人对我持有那样明净和高度的评价，不禁深受感动。

言归正传，在接受兰西的咨询时，我因为找不到爱，开始感到挫折。然后，一个有趣的念头在我脑子里冒了出来：何不再次看看兰西眼中的我是什么样子？

我照做了。然后，让我大为惊奇的是，就像使用什么作弊手段那样，我立时感受到了爱的存在。有一刹那，我纳闷自己里面怎么会有爱。然后我明白了，这爱其实总是在我里面，只不过我一直竖起一道灰色的大障碍，不让自己去感受它罢了。这又是另一个让我惊奇的发现。虽然模模糊糊，但我还是隐约记起了我从前是怎样把爱对自己隐藏起来的情景。

一旦被爱的感觉出现，另一些感觉亦相继浮现，包括了忧虑、不自在和恐惧。我告诉兰西："对，我是感受到了爱。但有另一些东西得要先行处理。我得先燃烧穿越别的东西。"

兰西却回答说："我们来做个实验好吗？让我们这样说吧，我们不用烧穿它，我们可以不用穿越任何东西，就可以在当下选择和感觉爱。你愿意一试吗?"

我表示愿意，而她提醒我，不要理会那些让我困惑的感觉。不要否定它们、不要移动它们或对它们做任何事情，只管把我的觉知放在爱的上头，让其他一切留在原地不动。

这方法果然管用，但又让我产生了一种最奇怪的感觉，把我推到了做出抉择的紧要关头。这一次，我固然是可以让烦恼和爱并行不悖的，但我的烦恼却反过来要求我否定爱。有一个声音伴随着我的烦恼对我这样说："因为你的感觉现在变得更大了，主控了全局，所以你必须选择它。"

这个感觉意味着为何"诠释"是那么强而有力，以致我没有去质疑它，更遑论是抗拒它。事实上，这经验的一个有趣之处，正是它突然让我明白，在我这一生，那"诠释"都一直依附在我的问题感觉上，一直都促使着我选择恐惧和推迟快乐。之前我竟一直没有意识到这"诠释"的存在，真是不可思议。

遵循兰西的指引意味着我要把我的觉知或注意力从我的问题感觉移开，专心透过一双爱的眼睛看自己，以唤起爱和被爱的感觉。我这样做着的时候，我里面那个"诠释"扯破喉咙尖叫着说："别这样！不可以这样！行不通的！行不通的!"

与这种抗拒心理一起出现的还有一种微微的震撼感，就像是我正在违反一个行之数年的传统。我仿佛听到我人格的一部分这样质问我："什么？改变做法？可我们一直以来都是这样做的！谁又会想要违背传统？"

但我还是违背了！我果真感受到了爱，然后才一刹那，这被爱之感便被一种恐惧之感所取代。但我没有去对抗那个恐惧感，也没去分析它或对它做任何事。我只是把注意力再移回被爱的感觉上。

转移注意力就像是变换汽车头灯一样。我知道这是徒劳的，因为我内里那种让人厌恶的恐惧是这样告诉我的。它说我还不是个值得人爱的人，说我想要得到爱，必须先把其他问题解决。在这一点上，我没有跟它争辩，只管把"汽车头灯"集中在我被爱的感觉上。

必须指出的是，我并没有试着去否定恐惧或是去改变它。我只是把焦点转移开。我没有试图去减掉什么，而是只管把一个更大的真理加到一切的上头。那真理就是：不管在任何情况下，我都是被爱着的，一直以来都是如此，未来也永远会是如此。面对注意力的转移（这是透过我对注意力的维持来保持），我的恐惧感快速消失，像气球泄气似的几秒钟时间便完全跑光。

我的第一个问题感觉随着我感到被爱而化解于无形，接着是第二、第三和第四个问题感觉。每一种问题感觉的消失速度都比前一个更快，而我也愈来愈容易专注在爱的上面。一种至福、喜乐和狂喜的感觉在我心里愈积愈多，变得相当强大。此时，我整个人生都看似是不真实的，只有爱是真实。

这就好像有人问了我这个问题：会不会你的所有问题感觉都只是假象？会不会它们只是你虚构出来的？会不会，你若想疗愈它们，唯一需要做的只是让它们存在，以及选择快乐和爱？你会愿意至少是抱着做实验的心态把这方法试一试吗？

我试了，也真的奏效。我唯一需要做的，只是愿意承认我以为自己有多悲惨的想法是错的，只是愿意承认自己对于自己不值得被爱的认定是错的。我需要做的只是为爱腾出空间，只是回忆起我拥有爱。

我真正明白了爱不是某种等着人去赢得的东西。它本就存在，存在于当下，也将永远存在。我唯一需要做的只是弄懂自己一直以来都选择了爱以外的选项，决定改弦更张，并在当下实行！就这么简单！

接受过这一回的咨询后，我与我的小客人之间的紧张关系蒸发了。艾丹杰变得快乐许多、轻松许多，也更加好玩。这要么是因为当初困扰我的坏感觉已经改变或消失，要么就只是因为我换了不同的眼光看待它们。不管理由为何，我都变得能够享受艾丹杰的精力、玩劲和天真烂漫，能够真正地欣赏他。我们最后那两三天的相处愉快得无以复加！

你是有能力透过你的爱疗愈他人的，差只差在你有没有发现自己有这能力。你在这世界上是受到需要的，亲爱的朋友，许多人正等待着你的爱。

---

* 本文由马克·沃德利提供。

# 总是选择爱

奇迹是为你示范“施与受一样有福”的教学工具。它不只增强了施者的能力，也为受者带来了力量。

《奇迹课程》，正文第四页

古今中外都有许多人经验过本书一直在探讨的那种爱。体验大爱最常见的途径不外乎是死前灵视（如伊莱贾经历过的一种）和濒死体验（一种发生在几乎死去的人身上的神秘经验）。

小儿科医生兼临终学先驱穆尔斯博士在 1990 年出版的《靠近光：向小孩的濒死体验学习》里，曾引用盖洛普机构 1982 年的一项调查数据指出，全美国有 800 万人有过濒死体验。

在典型的濒死体验里，当事人会看到璀璨的光或发光者，并感觉这光向自己放射着无比强烈的爱与关怀。有些人认定这发光者是“上帝”，其他人则被称之为“耶稣”或“天使”，也有人被称之为“光人”。让我印象最深刻的一个濒死体验出自精神病学家里奇的自述，记载在他于 1978 年出版的《从明天回来》一书。话说，在 1943 年，时年 20 岁的里奇被征召入伍，担任二等兵。但在接受新兵训练时，他得了肺炎，并因此“病死”。在医院病房里，他的尸体被盖上白布，准备送进太平间。

但里奇并没有真的死去。不知怎么回事，他发现自己就站在自己尸体旁边，并看见有个“发光的人”站在自己面前。他一眼便认出对方是耶稣。他非常肯定，耶稣以一种惊人的爱在爱着他。这爱超乎他一切最不羁的想象，这爱认识他身上一切最不可爱的部分，却仍然接纳他和爱着他。

然后，里奇眼前闪过了他一生经历过的每一件事，就像这些事都是在同一刹那发生的。最后，那个“光人”问他：“你这辈子有做过什么是值得你在我面前自豪的吗？”

里奇知道这问题一定是与爱有关。对方是想知道：“你这辈子付出过多少爱？你有像我爱你那样爱过别人吗？你有付出过完全的、无条件的爱吗？”

里奇思索了一下，愈想愈生气：“为什么我一直不知道这种爱是可能的？为什么从来没有人告诉我！如果这就是生命的全部意义，那现在才让我发现不是太不合时宜了吗？这不就像是一个人到了期末考才发现要考的科目是他没学过的！如果爱人就是一切，为什么以前从没有人告诉我！”

在让里奇复活之前，那个“光人”先让他一瞥死后生命的美好。里奇对于自己要复活感到万分丧气，纳闷少了爱的临在，他要如何活下去。

活过来之后，里奇被派赴第二次世界大战的欧洲战场当医护兵。他一直有想要死的欲望，甚至怀疑老天会让他复活是一种惩罚。然后有一天，他遇到了一位受伤的军官，对方的眼神又美又让他觉得熟悉。

他起初不解这眼神怎么会让他备受吸引，但最后终于明白了原委：那眼神让他联想起“光人”的爱的眼神，他能够透过那受伤军官的眼睛看见神正望向他。

里奇恍然大悟，自从那次濒死体验之后他之所以一直感到孤单疏离，是因为渴盼着回到那“光人”的爱中。他意识到，他是可以从每天碰到的人的眼睛里与那爱相遇的。

1945 年，当欧洲的战事全部结束时，里奇的单位被派往德国乌帕塔尔附近一座集中营，为那里刚获得解放的囚犯提供医疗协助。集中营的凄惨状况让里奇魂飞魄散。囚犯的健康状况非常不好，即使美军源源不断供给食物和医疗照顾，每日仍然有数十人死亡。

有一天，里奇因为觉得压力大到了难以驾驭的地步，便从集中营的一头走到另一头，沿途打量每一张脸孔，希望从别人的回望中看到神的眼睛。他就是在这种情况下遇到了“野人比尔”：那是个波兰的犹太人，因为蓄着两撇长长和松垮垮的八字胡而被美国人昵称为“野人比尔”[①]。他也是囚犯之一，但显然没关多久，因为他腰杆挺直，眼睛明亮，健康情况非常好。他每天协助美国人，工作 16 个小时，却毫无倦容。

因为能说六种语言，野人比尔对美国人来说是个无价宝：他可以帮助确认囚犯的身份和原居地，调停不同国籍囚犯之间的争执，甚至说服其他囚犯宽恕德国人（其他集中营常见囚犯抢过一把枪，跑到最附近的村庄，看到德国人便开枪）。

所以，你可以想象，当里奇得知野人比尔已经在集中营关了六年，会是多么的惊讶。六年来，野人比尔都与其他囚犯做着同样的苦工，吃同样吃不饱的食物，暴露在感染同样疾病的风险之下（这些疾病杀死过的囚犯数以千计）。里奇猜不透是什么原因让野人比尔还健健康康的。

野人比尔有一天告诉里奇，什么原因使得他与众不同。那全是因为他在多年前做出的一个选择。

野人比尔原本与妻子和五个小孩住在华沙的犹太人隔离区。后来，纳粹进入，命令所有人离开屋子，靠墙排成一列，再用机关枪展开扫射。

野人比尔的家人在他眼前全被杀死。他哀求纳粹士兵让他与家人共赴黄泉，但未被理会。纳粹不杀他，是因为他懂德语，在集中营里派得上用场。

面对这种事情，野人比尔最正常的反应是对德国人产生深仇大恨，而这也是大多数人会有的自然反应。没有人可以因为野人比尔满怀仇恨而责怪他。然而，一个奇迹发生了。野人比尔以自己的人生证明了，即便一个人身处最煎熬困窘的环境，爱与恨仍然是可以选择的。

他有两个选择。一方面，他可以选择恨，让自己的人生致力于恨，让未来成为一件恨的产物；另一方面，他也可以选择爱，让人生成为爱的产物。

野人比尔选择了爱，决定终其余生（不管这余生是长是短）都要爱任何一个他碰到的人。他先从爱那些纳粹士兵做起。

是爱让他能够保持强壮和健康。是爱让他的生命没有凋谢。

你敢冒险打开心扉，活出你的人生吗？你把心关起来已经太久，从世界退缩已经太久，你一直压缩着生命所能提供的经验。你变得害怕生命，害怕他人，你一直缩小自己的向往，以为这样可以滑过人生，少招惹些痛苦。

然而，你的心愈是缩小，你的生命便愈是痛苦……因为那会使你越来越没能力去领受那唯一可让生命活得有价值的东西……

少了一颗敞开的心，爱就会与你擦肩而过，而你将不能品尝到天国的恩典。只要打开心扉，则任何你所目睹的经验都会是美的。

① 野人比尔为美国西部传奇人物，也是蓄着两撇长长和松垮垮的八字胡。

# 快 乐

奇迹是“正确思维”的一种示范，它会调整你的愿景，与上主创造的真相呼应。

《奇迹课程》，正文第六页

从什么时候开始，我知道自己随时要感觉到爱和快乐，都能办得到。我知道我心里那扇通向平安、慰藉和喜乐的门位于何处。

我也常常把那门打开，享受许多美好时光。每当我与他人结合，每当有美好的事情发生在我身上，每当夏威夷的美景让我迷醉，那扇门就会开着。

然而，我又要怎样解释那些例外的情况呢？有时候，我明明很容易便可以选择快乐，我却不愿意那样做，或自认为做不到。我不愿意感觉快乐，就好像那样做的话，会让我失去对人生报复的机会。

总之，我身上有一个部分不愿意选择快乐，情形就像一个少女不愿意让父母看到她脸上挂着微笑，所以老是愁容满面。每逢这种时候，我都会觉得怨恨比快乐对我更加重要。

就算我有千百种理由应该快乐，我就是不肯鼓起意愿，跨出那一步。

正当这个自囚的两难在我心中盘桓不去的那段时间，我们一家四口去了夏威夷的一个邻岛，主持了一场为期 22 天的国际训练营。我们下榻在一家风景妙不可言的度假旅馆，四周有着几英亩的礁湖、水光闪闪的池塘、奔泻的瀑布、清新的热带花园、如诗如画的棕榈园，看得见海浪拍打黑色火山岩海岸的壮观景象。

但不知怎么搞的，虽然有各种好玩的事情（滑水、与海豚一起游泳，以及参与小孩的团体活动），但我的两个小孩就是快乐不起来——至少和我在一起时是如此。每当我们在一起，他俩总是争吵不休，抢着要引起我的注意。如果他们一个想坐火车回饭店，另一个就会声称自己讨厌火车，表示想要搭船。他们似乎想要不断制造各种“小错”和“大过”，以此索要我的认真关爱和注意。

第一星期结束时，我只要跟他们在一起，就会觉得自己凄惨无比。我感到沮丧，听到有个声音在我耳边指控我是个不喜欢自己小孩的母亲，又告诉我我已经被这个生命的折磨所困住，休想逃脱。

最后，我与两个孩子谈了一谈。我告诉他们，他们那么爱无事生非让我备感苦恼。我告诉他们，他们也许以为感觉快乐或不快乐不是他们能够选择的，因为那看来是由发生在他们身上的事情决定，但事实上，要为他们快乐与否负责任的是他们自己，因为每个人都有能力在任何时刻选择快乐。

这样对他们“晓以大义”之后，我起初觉得松了一口气，但过不多久，我便意识到自己的心情毫无好转。事实上，当我仔细自省时，我发现自己反而因为训了他们一顿而觉得内疚。

我教训他们的做法其实很荒谬，因为他们的行为举止只是我自己心理状态的忠实反映。他们之所以不肯跨出那一步，就是因为我自己不肯跨出那一步；他们不愿意选择快乐，是因为我自己不够成熟，不愿意对快乐敞开心扉，于是我明白了他们的不快乐和我的不快乐如出一辙。

就这样，我终于找到了帮助自己跨出那一步的动机！我知道，为自己选择快乐，我等于是为一对子女选择了快乐。现在，要选择快乐对我变得容易多了，而我也做出了那样选择。

就像吹熄蜡烛那样快，我的不良态度瞬间不见了。取而代之，我被一种巨大的柔情蜜意和愿意为子女奉献一切的心情给充满，让我激动莫名。我感到自己纯真无罪，是个充满爱心的好妈妈。我心里那扇门向着快乐与爱的暖流打开了(至少是开了一道窄缝)。

我观照我那些攻击思想的心理对话（这里所说的“攻击”包括迎我而来的攻击与我对别人发出的攻击)。我知道了，我是不是能够感到纯真无邪和快乐，在于我是不是愿意放弃那些攻击意念，不带论断地过生活。

接下来与两个小孩的相处经验是一个快乐的惊喜。他们变得无比乖巧，对彼此和我都极为贴心、体谅和尊重。他们的体贴入微、精致和饱满的美让我们在一起的时光变得充满恩典与喜乐。我们发现自己回到了伊甸园。

选择快乐和爱就是选择让自己延展，让自己变得更大、更少防卫、更与别人亲近、更宽厚、够着自己的中心，向自己的活水源头领受。那是去感受安全，去看见美，去行走在恩典中。这样选择就是选择生命。

选择远离生命就是选择爱的反面。那是选择往伤口撒盐，选择自以为是，选择漠不关心，选择孤立自我，选择将自己的受苦戏剧化呈现，选择对抗，选择竞争，选择关闭心扉。那是选择痛楚、忧愁和恐惧。那是选择死亡。

生命是一趟持续不断的挑战，每时每刻都会要求我们回答同一个问题：在此时此刻，在这个当下，你是要选择快乐与爱，还是选择痛苦和恐惧？你是打算把你心里和灵里的光洒向黑暗，还是把光留住不放？

我们每天都得无数次地面对以下这个选择：我是愿意以成熟响应挑战，凡事皆看好的一面，延展自己，打开心扉到能够体验到接触和爱的程度吗？还是说我宁愿肆意反应，进一步孤立自我，放纵在痛苦和自以为是的乐趣中？

不成熟只会让我们尝到苦果，但我们却极不容易胜过它的诱惑，因为过度反应、讨回公道、反击和怨怼真的是令人快感无穷。

一个人需要有大智慧才能懂得选择生命，需要大锻炼才能持续做出这种选择。但也只有在这种选择里，即只有在我们愿意选择自己的心的情况下，我们才可以为爱铺路。

就像小孩子可以教导我们认识的，亲爱的朋友，生命中最重要的事莫过于爱。爱乃是一切。

爱在每分每秒都向你倾注，而你唯一需要做的只是领受它，你唯一需要做的只是关注它，它就会在方方面面美化你的世界。

你此生的时间非常宝贵。时间的目的就是让你找到爱。到处去寻找它吧，从你看到的每一张脸上寻找，从爱中认识你的纯真无罪和美，让它把你引领回伊甸园去。

亲爱的朋友，你完全值得被爱，也完全地被爱着。天国正在等待……追随心之指引，找出回“家”之路吧！

（京）新登字 083 号
**图书在版编目（CIP）数据**

为爱铺路：那些打开你心门的故事 /（美）斯佩扎诺著；孙翼蓁，梁永安译 .
—北京：中国青年出版社，2015.4
书名原文：Make Way for Love: A story to Open Your Heart
ISBN：978-7-5153-3275-8
I. ①为… II. ①斯… ②孙…③梁…　III. ①心理学 - 通俗读物
IV. ① B84 - 49

中国版本图书馆 CIP 数据核字（2015）第 069795 号
Make Way for Love: A story to Open Your Heart

为爱铺路：那些打开你心门的故事

作　　者：[ 美 ] 兰西 · 斯佩扎诺博士
译　　者：孙翼蓁　梁永安
责任编辑：吕　娜

出版发行：中国青年出版社
经　　销：新华书店
印　　刷：三河市万龙印装有限公司
开　　本：880×1230　1/32 开
版　　次：2020 年 5 月北京第 2 版　2020 年 6 月河北第 1 次印刷
印　　张：6.5
字　　数：100 千字
定　　价：59.00 元
中国青年出版社 网址：www.cyp.com.cn
地址：北京市东城区东四 12 条 21 号
电话：010-65050585（编辑部）